JN110974

ソニー創業者を支えた人

── 川名喜之氏　遺稿集 ──

安藤哲雄　編著

湘南社

目　次

❶ 推薦のご挨拶　加藤俊夫

　この度、安藤哲雄さんが、川名喜之さんの遺稿を中心に川名さんのソニーにおける半導体関係の数々の業績を紹介する書籍を出版されることになり、誠に喜ばしいと思い、推薦の言葉を書かせていただきます。

　私は１９６０年にソニーに入社して、川名さんの係に配属され、１年間川名さんのご指導を受けて、半導体についての勉強をさせていただきました。それ以来、ソニーにおける仕事だけでなく、ソニー退社後に起こした会社でもご指導をいただき、仕事だけでなく私生活でも数々のご指導をいただき、私にとってまさに人生における師と呼ぶべき方です。

　川名さんについて、私の知っていることを簡単に紹介しますと、１９５７年に東京大学、冶金学科修士を卒業され、ソニーに入社されました。入社後の業績は、この本に詳細が語られていますので簡単に紹介しますと、ソニーはトランジスタラジオで成功した後、次はテレビのトランジスタ化に挑戦していました。テレビ用トランジスタで難しいのは、チューナー用の高周波トランジスタと水平偏向用の電力用トランジスタです。川名さんはその電力用トランジスタの責任者として、開発から生産までを担当されました。当時はゲルマニウム全盛でしたが、ゲルマニウムは高温では動作しませんの

で、テレビの電力用を作るにはシリコンが良いということになりますが、まだシリコンの技術は世界的にも実用になっていませんでした。そこで手探りで色々な技術を独自に開発する必要がありましたが、３０Ａ、１５０Ｖという世界最高の電力用トランジスタを開発され、生産まで漕ぎ着けました。テレビ用に使った余りのトランジスタが秋葉原で１個３万円で売られていたそうで、現在の金額で言えば１００万円以上になります。（私は某社の技術者から、当時３万円で実際に買ったという話を聞きました）。

　川名さんは、どこで習われたのか英会話がよくできて、海外からのお客様の社内案内をよくされていました。私も相談したところ、下北沢の英会話学校を紹介され、週１回、２年間通った思い出があります。

　川名さんは、その後、半導体事業のトップとして経営の任にあたるとともに多くの人の指導をされました。その後、中央研究所に移られ、菊池所長とともに副所長として活躍されました。菊池所長が外向きの担当で、川名さんが所内の業務を担当されていたように思います。研究所の研究テーマは、半導体だけでなく、磁性関係、光デバイスなど多方面にわたっており、すべての技術について川名さんは深く勉強されたようです。その研究所のテーマとしてCCDイメージセンサーが大仕事になり、世界中の半導体メーカーが諦めた難テーマを指導され、見事にビジネス化が成功し、現在ソニーのイメージセンサーが世界最大と言われるビジネスに繋がることになりました。

　川名さんは、「ソニー半導体の育ての親」と言っても過言ではあ

りません。

　ソニーは、井深さん、盛田さんの指導力によって発展したと一般に
は思われていますが、内部に居た私から見ると、もう一人の岩間さん
を加えたい。トランジスタラジオで成功したのも、井深さんの発想か
ら出発しましたが、実際にトランジスタを製作するのは岩間さんの指
導によって達成され、盛田さんによる世界中への拡販が成功した訳で
す。この３人はお互いに尊敬し、能力を認め合った仲ですが、意見が
異なる場合もありました。部下はどちらの方針に従うべきか迷うこと
もあり、その辺の事情は川名さんの著作にかなり詳しく書かれている
のが面白い。３人寄れば意見の違いがあるのは当然で、これを丸めて
しまっては発展がないと言えるかもしれません。

　川名さんは、ソニー退社後はアメリカの会社に入社され、単身で
アメリカへ赴任されました。歳をとってから、海外生活を始められ
た訳で、勇気がいることと感心しました。帰国後の２０００年に、
中古装置を扱っているハイテックシステムズ社から海外ビジネスの
技術的サポートを依頼され、サクセスインターナショナル（株）を
設立され社長に就任されました。私も設立に参加し、台湾関係のビ
ジネスを数年間行い、その後は国内でのコンサルタントを行って今
に至っています。

　川名さんは、奥様を早くに亡くされ１０年近く独身生活をなさっ
ていました。お子様は二人で、長男の隆宏さんはソニーの磁性関係

の技術者として活躍され、仙台の磁気テープ工場勤務が永く、米国のドーサン工場の立ち上げで数年間赴任されていました。次男の英世さんは医者になって鹿児島で開業されています。恵まれたご家庭だったと思います。

　以上、川名さんについての思い出などを中心に紹介しましたが、さらに詳細な記述はこの本の中で川名さんご自身が書かれておられます。私のように外から見ているのと違って、川名さんご自身がその時現場で何を思ったか、何を行ったか、上司との軋轢なども書かれていますので興味がつきません。

　川名さんは、「誠実を絵に描いたような方」でした。人の意見をじっくり聞いた上で、しっかりした意見を静かに話される場合が多く、多くの人の尊敬を集めていました。私も教えられることが度々ありました。

　この度、安藤哲雄さんが、川名さんの著書を復活させていただくのは大変有難いことです。川名さんの素晴らしい活動と誠実な人間性を、多くの方々に知っていただきたい、という安藤さんの熱意は良くわかります。また、パワートランジスタやCCDイメージセンサーのような世の中にないものを開発する時の苦労話などは、現在でも経営者や技術者にとって参考になる話と思います。ソニー関係者はもちろんのこと、一般の方々にも読んでいただくことをお勧めします。

２０２２年１０月　加藤俊夫

❷ まえがき　著書より（川名論文１）

　筆者（川名喜之）は１９５７年、東京通信工業（後のソニー）に入社し、シリコン半導体の開発生産に従事し、１９９２年ソニー中央研究所勤務を最後にソニーを退社した。

　その期間は半導体の勃興から興隆の時期であり、また半導体エレクトロニクスの興隆と共に、急速に発展した日本のコンシューマーエレクトロニクスの隆盛の時期であった。

　ソニーはその先頭に立って世界のその業界をリードした。

　その支えになったのが半導体デバイスであったが、その中にあって筆者が体験した半導体開発の実情を、これまでの報告を元に再現し、記録にとどめたいと考えて本書の出版を企画した次第である。ソニー発展の歴史は、半導体デバイスや磁気デバイスなどの基本素子の開発と、一体になって進めたのが当時の成功の基礎であった。

　井深はその重要性を知り、ソニー仙台、ソニー厚木などの拠点をつくって本社の機器開発と一体化させて、会社の発展を牽引した。

　その中にあって、興隆する半導体産業推進の一端に参加できたのは筆者の幸運であった。時代が要求する仕事に会えたのは不思議な運命と感じている。

　井深、盛田、岩間という若さと情熱にあふれ、時代の先頭を突き進もうとするリーダーの下に仕事ができたのも、もっとも幸せなことである。

　戦争たけなわの頃、井深と盛田は軍事産業の技術リーダーと海軍

　の技術将校として運命的な出会いを経て、戦後１９４５年９月に東京で再会し、生涯を共に会社の発展のために尽くした。

　岩間は１９４６年、東京通信工業設立の直後に井深に誘われ東京通信工業に入社した。彼もまた海軍技術大尉の経歴を持つ。

　彼は１９５３年、井深がトランジスタ事業を始めると聞いて自らそのリーダーを志願し、日本のトランジスタ産業勃興の先駆者となった。

　筆者はその岩間が声をかけた東京大学工学部冶金学教室の橋口教授に勧められて岩間を訪れ、東京通信工業半導体部に入社したものである。

　以来岩間の指示により、開発の仕事に携わり、ソニーで経験した半導体の仕事や、関連する方々の情報などをこれまで記録してきたので、それを一冊の本にまとめて関心のある方々に読んでいただければ幸甚と考えた次第である。

❸ 東京通信工業、日本初のトランジスタ及びトランジスタラジオ量産成功の軌跡 （川名論文2）

1. はじめに

　1946年に創立された東京通信工業が、後発ながらトランジスタの製造から1955年一気に日本初のトランジスタラジオ発売に駆け上った軌跡を改めて振り返り、その成功の要因とそれが先導して日本のみならず、世界のエレクトロニクスを変貌させるに至った事情を記した。さらに無理と言われたのを承知の上で始めたトランジスタラジオ用のトランジスタを、新しい技術で新開発して世界の先頭を切ることができた歴史を振り返る。今に生きる事績として。

2. 最初の決断

　1952年春、東京通信工社長株式会社（東通工）社長、井深は初めてアメリカのニューヨークを訪問した。目的は、成功裏に進んだテープレコーダーの販売を一層強化するための方策をアメリカで探索することであった。案に相違してアメリカは東通工ほど進んだ営業はやっていなかった。ただ偶然にもその時ベル研究所がトランジスタの特許をライセンスするために応募してきた会社に、トランジスタ製造技術のセミナーを開いていたのだった。

　井深はその情報を聞いて眠れないニューヨークの夜にその事を考え続けていた。テープレコーダーの開発のために多くのエンジニアを雇ってきたが、今後会社としては、彼らにどういうやりがいのあ

る仕事を与えるべきかが彼のもっとも強い関心事だったのである。井深とはそういう人だった。会社を大きくしたいとか、もっと儲けたいとかいうことはほとんど考えない人だった。人がやらない面白い仕事をやりたい。エンジニア達に思い切り熱中できるやりがいのある仕事を与えたい、と熱望する人だった。

　井深はトランジスタをほとんど知らなかった。ニューヨークの関係者から話を聞き、直感的にこれは面白いと思ったのである。真空管と違ってヒータがないから壊れない。消費電力が小さい。大きさが真空管よりずっと小さい、と聞いて関心を持ち、自分の会社でやってみようと決断した。そうすればあのエンジニア達に、思い切って働く目標を与えることができるだろうと考えた。しかし、彼はベル研究所と連絡を取ることができなかったので、知人に後での接触を依頼して帰国した。

　これが東通工（後のソニー）がトランジスタの製造をはじめ、ラジオやテレビなど民生電気で世界をリードするに至った原点であり、歴史的決断であった。ただし契約金は $25,000、当時の金で900万円であった。この小さな会社にとっては大金であった。

3.　岩間のトランジスタ勉強会とプロジェクトメンバー

　1953年中ごろ、井深が後事を頼んだニューヨークから、ベル研究所が東通工にトランジスタのライセンスを与える用意があるという連絡があった。そこで盛田昭夫が会社を代表してベル研究所を訪問し、その契約を進めることになった。契約には契約金 $25,000 が必要である。当然大蔵省の認可が必要である。この認可が下り次

第契約金を支払うことで盛田はベル研究所と仮契約を結んだ。この年10月のことである。

　ベル研究所は盛田に補聴器をやるように勧めた。ラジオを作るのは高周波トランジスタができないので無理と言うことであった。盛田は賛成しかねたが、ただ頷くばかりだった。彼はベル研究所からライセンスを受けた会社が受け取ったテキスト "Transistor Technology" 全3巻を受け取り、日本に送った。これは当時のトランジスタの構造と動作原理をわかりやすく説明したものである。

　盛田は日本に帰ると、井深にベル研究所での話し合いを報告した。トランジスタで補聴器を作ることについて井深は反対であった。「ラジオをやろう」というのが井深の提案であった。「いや大丈夫だ。必ずラジオ用のものができるよ」と井深は言った。こうしてトランジスタの用途が決まった。

"Transistor Technology" 全3巻（左の3冊、うち左側の2冊は海賊版）と "Electrons and Holes in Semiconductors"

　通産省が東通工とベル研究所との間のトランジスタに関する契約をなかなか承認しない中で、社内ではトランジスタプロジェクト部隊が編成された。岩間は自分からリーダーを買って出た。他に物理屋の塚本哲男、岩田三郎、機械屋の茜部資躬、化学屋の天谷昭夫、電気屋の安田順一がメンバーとして指名された。彼らは、"Electrons and Holes in Semiconductors"（W. Shockley）および後で送られてきた例の "Transistor Technology" を熱心に勉強した。1953 年秋のことである。

　塚本によれば "Transistor Technology" 全 3 巻は、製造装置や製造プロセスが詳しく書かれてなくて失望したという。ちなみに "Transistor Technology" 全 3 巻の目次は次のとおりである。それでもベル研究所は、最大限にトランジスタの製法について解説したと思われる。

第一巻
　第一章 ゲルマニューム材料
　　　　　酸化ゲルマニュームの水素還元
　　　　　ゲルマニュームの精製（ゾーンリファイニング）
　　　　　廃棄ゲルマニュームの再利用法
　第二章 単結晶の必要性とその製法
　第三章 ゲルマニュームトランジスタの原理と製法
　第四章 トランジスタの諸特性
　第五章 トランジスタの信頼性
第二巻

　半導体材料の製法、評価方法からトランジスタの作り方まで原理からはじまって詳しく記されている。後に多くの日本のエンジニアがこれを参考に勉強した。グロン型のトランジスタが主に説明されている。

　東通工では通産省からの認可が下りない中で、その年も暮れる頃、通産省内の大規模な人事異動が行われて、急転直下、東通工の契約の件が解決される見込みになってきた。岩間はそれを見越してアメリカにトランジスタの勉強に行くことにし、1954年1月早々に出発した。出発にあたり多くの社員を前にして、岩間は自分の使命と決意を述べた。この小さな会社の存亡を掛けた仕事が自分の双肩にかかっている事を意識しての決意表明であった。

　当時アメリカでもトランジスタの製造歩留まりは低く、利益が上がらないという評判であった。しかもラジオ用のトランジスタはあきらめるようにベル研究所からは言われている。並大抵の仕事ではなかった。失敗すれば会社は倒産しかねない。

4. 岩間レポートと留守部隊の努力

"Transistor Technology" 全3巻は、トランジスタの動作原理と
構造、製法を述べたものではあるが、その製法や装置についてただ
ちにそれで生産ができるほど詳細には述べていない。岩間は製造装
置とプロセスの詳細をできるだけ知る必要があった。ベル研究所と
の契約は、トランジスタ製造のライセンスを与える、すなわち特許
の使用を認めるというだけで製造技術を教えるものではなかった。

もっとも日本の大手は RCA との包括契約を行うものがあって、
それは技術指導を含むものであったが、東通工にはそういうことを
行う金の余裕はなかった。岩間は工場を見せてもらって、それを理
解し、夜ホテルに帰って後にそれを思い出して手紙に書き、日本に
送ることが大事な仕事であった。

ベル研究所、Western Electric 社などの研究、製造の現場を見せ
てもらいながら、次々と質問を発して、製造装置の詳細や製造プロ
セスの内容、そこで使う部品、薬品などを記憶していったのであっ
た。彼は夜ホテルに帰ると、昼の記憶をたどって日本の本社に手紙
を書いた。それが留守部隊にとって待ち望んでいたものと知ってい
たからである。

最初の手紙は1月23日から始まって4月1日の帰国直前まで
のレポートまで、エアメール24通と封書7通の31通になる。エ
アメールは社用箋で各7〜9枚であった。

ゲルマニュームの原料をどう処理して、どんな装置を使って純
粋なゲルマニューム単結晶に仕上げるか、その条件はどうかなど、
Transistor Technology の情報では不十分であった点について、岩

間は郵便で報告した。留守部隊では岩間の情報が頼りであった。

　次に問題であったことはトランジスタの作り方が大きく2種類あった事である。一つはベル研究所開発の結晶成長型、もう一つはその後 GE、RCA が開発した合金型であった。点接触型は次第に旧型となっていた。岩間はすべてについてできるだけ詳細に、留守部隊が製造に取り掛かれるように報告書を作った。

　目的はすぐにその情報で製造ができるようにすることであった。開発をやって成功したら製造に移行しようというのではなく、ただちに製造しようというのであった。

　会社に開発をやる余裕はなかった。ベル研究所の人たちは当然びっくりしていた。まあ、今年中に試作品でもできればこっちは驚くだろう、と言っていたと岩間の報告書には書いてある。岩間はその年の夏から生産を始めるように指示していた。

　しかし、岩間の大きな課題は、結晶成長型をやるのか、合金型でやるのかという問題であった。岩間はアメリカにいる間は、合金型が有望ではないか、と見ていた節がある。当然成長型と違って生産性が優れており、内部抵抗が低くスイッチ用として優れていたので、アメリカでは人気があった。

　しかし、問題はラジオの生産にどちらが適しているかである。ベル研究所ではどちらもラジオ用としては不十分と見ていた。実はその前年 1953 年ドイツの Herbert Kroemer が drift transistor という、拡散電界を利用した合金型トランジスタの原理を発表したのであった。これは PNP トランジスタではベースにあたる基板のエミッタ側にあたる領域に N 型の不純物をあらかじめ深く拡散しておき、

この内部電界によってエミッタから注入された少数キャリア（hole）
をコレクタ側に加速して流すものである。すなわち、この構造では
ベース幅が広くても高速で少数キャリアが通過できるのである。高
周波化を目指した発明である。合金型かグロン型か、どちらに将来
性があるのか、当時は判断が難しかった。

　H. Kroemer はこの年、1954 年には RCA に移ってこのトランジ
スタの開発を始めた。岩間は帰国後、留守部隊に米国訪問を報告し
て、この問題を議論した。結論は課題が指摘されてはいるが、その
段階では成長型が高周波トランジスタ製造の近道であるとの結論に
達し、その方向に向かって進むことに決定した。この決定は長くソ
ニーの優位を築くことに繋がった。ちなみにこの drift transistor は、
1956 年 RCA によって商品化され、広く多くの会社が採用するこ
とになった。東通工はとてもそれまで待てなかった。その意味で岩
間の決定は正解であった。

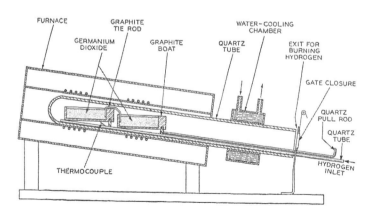

図 1-1　酸化ゲルマニウム還元炉（Transistor Technology,Vol.1,p.28）

　岩間がアメリカ出張中に留守部隊は岩間レポートを読みながら装置の製作に励んでいたが、岩間が帰ってくる前にトランジスタを作ってしまおう、という話が持ち上がり、ただちに実行に移した。すでに新たに作った装置でゲルマニューム単結晶ができていたからである（3月にゾーン精製装置完成）。驚くべきスピードであった。

　一番簡単なのは点接触型トランジスタであった。4月初めまでにそれを完成させ（岩田が担当したと思われる）、その後まもなく合金型PNPトランジスタの試作ができ、5月には完成したのである（2T1型）。ベル研究所が、年末までに試作品ができれば大いに驚くと言っていた品物である。これは天谷が担当した。天谷に聞くと、In箔を打ち抜き、ゲルマニューム片に圧着して水素炉に入れて合金化を行うプロセスでは大変苦労したということであった。特にInのゲルマニュームへの合金化が、一様に進行しないという問題であった。プロジェクトメンバーの電気屋、安田が測定器を作って評価を行い、動作を確認した。

　なお、この4月にはトランジスタ生産用の地下1階、地上3階の半導体工場が完成し、関係機械類を搬入した。

5. トランジスタ製造装置の製作

　このプロジェクト部隊の最初で最大の課題は、トランジスタ製造装置の製造と購入であった。"Transistor Technology"と岩間の手紙を見ながら、どういう装置をどういう仕様で作るのかという課題に対して、物理屋の塚本、岩田、化学屋の天谷がこれを機械屋の茜部に説明し、茜部が設計図を起こして製作にあたった。

　会社が持っている工作機械は小型の旋盤が 2 台、ボール盤 1 台程度であった。これだけではとてもプロジェクトの要望には応えられなかったので、社外の下請け工場に加工を依頼した。まず酸化ゲルマニュームを水素還元して、金属ゲルマニュームを作る水素炉、できた金属ゲルマニュームの純度をトランジスタができるような純度（99.99999999%）にまで上げる高周波加熱装置を含むゾーン精製装置、できあがった結晶ゲルマニュームの純度測定のための抵抗率測定装置、結晶方位測定装置（この二つは購入品）、この棒状金属ゲルマニュームをウェファー状に切断する切断機（スライシングマシン）、切断されたウェファーの表面研磨装置（ラッピング機）、さらに表面を化学エッチする装置（ジグ）、合金型トランジスタ製造のための不活性ガス炉、それに用いるジグなど 1 連の装置を自前で用意した。

　茜部がこれら装置の設計製造の要であった。そしてその内容と仕様は、他のメンバーたちとの詳細な打ち合わせによって、連日突貫作業で進められたと思われる。ラッピング機は、岩間からの情報でウェスターンエレクトリックではラップマスター（商品名）を使っている、というのでカタログを見たら 1 台 70 万円もするというので、輸入申請したら外貨が下りない。それでやむを得ず、カタログから考えてレンズ研磨機を改造して対応した。ダイシングマシンのダイアモンドホイールと高速回転軸の自作は難しかった。

　ダイアモンドホイールは盛田がアメリカで調達した。高速回転軸は製造装置がなかったので、茜部は中古の工作機械屋から錆だらけの円筒研削盤（と思われる。ソニーの記録にはスライス盤とある）

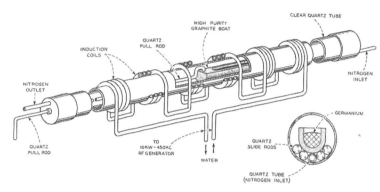

図 1-2　ゾーン精製装置（Transistor Technology,Vol.1,p.30)

でき上がったゾーン精製装置を見学者に説明する井深（参考文献 1)

図 1-3　スライシングマシン（Transistor Technology,Vol.1,p.308)

図 1-4　ラッピングマシン（Transistor Technology,Vol.1,p.318)

を見つけて、これを改造整備して対応した。このような努力の結果、事実岩間が帰国するまでに、酸化ゲルマニュームの還元炉、ゾーン精製装置、スライシングマシンなどはできあがって動作を始めていた。そうでなければ合金型トランジスタはできないのである。わずか3ヶ月以内でのこの進捗は、彼らの努力がどのようであったかを想像させるのに十分である。結晶担当は塚本であった。

　ここで極めて重要な装置一つが残されていた。それは単結晶引き上げ装置である。先に述べたように、どういう種類のトランジスタを製造するのかの判断によっている。合金型ならば、Czochralski法と呼ばれる単結晶引き上げ装置がなくても製造はできる。しかし、成長型トランジスタを製造しようとすれば、その装置がなければ製造はできない。先に述べたように、岩間は帰国までその決断をしな

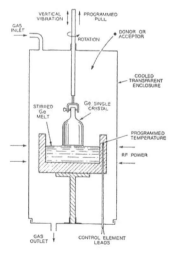

図 1-5　結晶引き上げ装置（Transistor Technology, Vol.1, p.69）

図 1-6　結晶引き上げ装置（東通工製）

いでいた。岩間は帰国後、成長型を採用することを決断したので、
ただちに茜部に単結晶引き上げ装置の設計製造を命じた。これはト
ランジスタ製造装置の中でももっとも難しい装置である。

　茜部は "Transistor Technology" に載っていた、結晶引き上げ装
置の写真を見ながら、詳細はわからないながら、想像をたくましく
して設計した。特に不純物を導入するポートはどういう構造だろう
かと考えながら設計した。さらにゲルマニュームを溶融するグラ
ファイトのるつぼは、高純度のものでなくてはならない。その材料
は容易には見つからなかった。確か原子力用の高純度グラファイト
を見つけて購入したようである。

　加熱機構には高周波加熱装置（ウエスチングハウス社製）を用い、
もっとも大切な精密温度制御装置はリーズアンドノースロップ社の
装置を購入して対応した。見たこともない、触ったこともない機械
を、茜部はプロジェクトメンバーと相談しながら設計し製作したと

思われる。茜部は 1954 年 4 月に命令を受けてその年の 9 月には
この装置を稼働する状態に持っていった。装置稼働の要の精密温度
制御装置を、高周波加熱装置と連結可動させたのは岩田であった。
プロジェクトグループはただちに成長型トランジスタの試作に入っ
た。ベル研究所開発の 2 重ドープ型 NPN トランジスタである。

6. トランジスタの製造開始

　先に述べたように、結晶引き上げ装置がなくても合金型トラン
ジスタは製造できる。天谷は先に PNP 型合金トランジスタを製作
していたが、さらにその量産を目指した。その 1954 年 6 月、ト
ランジスタラジオ開発部隊は、ただちにこの PNP トランジスタと
点接触型トランジスタを使ってラジオの開発を目指した。そして 7
月には 5 石のトランジスタラジオが完成した。神戸工業はトランジ
スタラジオ開発では日本初とされているが（1954 年 1 月）、点接
触型と合金トランジスタを使ったもので、東京通信工業も同じで
あった。

　5 石のトランジスタラジオは日本初であった。同じく 7 月には、
日本最初の PNP 合金型トランジスタとダイオードを発表、発売し
た。天谷はさらに合金型 NPN トランジスタの開発も行い、両者併
せてラジオに使うべく生産を始めた。

　NPN 合金型では In に代わって Pb-Sb 合金を用いた。この開発の
狙いは PNP では In の Ge への合金化の際の濡れ性に問題があっ
たためである。後にこれは In 片の punching による Ge への圧着に
よって解決している（General Electric の方法）。Pb-Sb 合金のゲル

マニュームに対する濡れ性が大変良い事を見つけて、高い歩留まり
で NPN 合金型トランジスタが生産できた。合金型トランジスタは
ラジオの低周波部分に使われた。PNP と NPN を組み合わせた独特
の回路が、東通工のラジオに使われた。

　一方、単結晶引き上げ装置の完成（この年 1954 年 9 月）に伴い、
プロジェクトメンバー塚本。岩田は 2 重ドープ型 NPN トランジス
タの開発を始め、1955 年 2 月には開発に成功した（2T5 型）。こ
れは N 型結晶を途中まで引き上げて P 型不純物ガリュームを添加
して P 型のベースとし、その後にアンチモンを添加してエミッタ
とするものである。実際には 2 月よりもっと早くから試作品がで
きていたのであろう。

　このトランジスタの製造にあたってはエミッタとコレクタを電極
に半田付けした後、ベース領域に細い金線をパルス溶接によって熔
着するが、その製造装置はトランジスタの特性をブラウン管上に映
し出して、金線の位置を微小に移動させて最適の位置を見出してパ
ルス電流を流すのだが、その装置は茜部と安田の協力による。この
装置の原理は Transistor Technology に示されていた。

　ラジオ開発部隊はそれでただちにラジオの開発を行い、同じく 3
月に TR52 型の全接合型トランジスタラジオを完成させた。このラ
ジオは筐体にひずみを起こし、ラジオの基板、筐体の設計をやり直
し、その年の 7 月には TR55 型として日本初、世界第 2 番目のト
ランジスタラジオとして発売された。

　世界で最初に発売された Regency 社のラジオは TI 社製のトラン
ジスタの歩留まりが悪くその頃には生産が中止されていた。このラ

ジオの設計ではプロジェクトグループのただ一人の電気屋であった安田に負うところが大きい。彼はトランジスタの特性とその分布を熟知していたからもっとも適切な回路設計ができた。

さらに加えて重要な仕事は、トランジスタ回路に対応した小型の電子回路部品の導入である。中間周波発振コイル、各種コンデンサ、小型抵抗器、スピーカなどである。今までの真空管トランジスタでは存在しなかったものである。

東通工は電子部品各社に協力を要請し、各種の新しい電子部品を開発してもらって応用した。当然東通工の仕様との間にやり取りがあり、共同開発的側面があった。こうしてこれらの電子部品は、その後の半導体エレクトロニクスの重要な構成部品となり、世界に向けて発展する基礎となった。

こうして順調にトランジスタラジオの生産が始まったが、大きな問題が隠されていた。生産量は増加し、売り上げも伸び、評価も上々であったし、次々と後継機種も開発されていったが、高周波用のトランジスタの収率が悪かった。このトランジスタの高周波特性に応じて12種類に分類し、それぞれに応じて発振回路のコイルを作って対応した。それでもこのトランジスタの全体の中で中間周波発振用にしめる割合は低く、ベル研究所がラジオの製造はやめろと言った理由がここに明瞭になった。

その後岩間の指示でこの解決に向かった塚本は、エミッタに使うアンチモンをリンに変える画期的な開発に成功してこの危機を乗り越えた。その物語はこの後で述べる。

　なぜ東京通信工業はこの困難なトランジスタ生産プロジェクトを
短期間で成功させることができたのだろうか。様々な解釈ができる
かもしれないが、私見を述べる。

（1）目標をトランジスタラジオに絞ったこと。そのためにどうす
べきかがおのずから明瞭になり、取るべき手段も、造るべきトラン
ジスタも明確になったこと。
（2）金もなく、貧乏な会社がどうしても乗り越えなければならな
い必死の状況に追い込まれていたこと。そのため岩間始めプロジェ
クト全員が成功のために必死で働いたこと。
（3）プロジェクトメンバーの構成が適切で、製造機械設計製造に
一つの重点を置いたこと。それに向かって全員が協力したこと。メ
ンバーが優秀であった事。
（4）プロジェクトがやるに値する最高の仕事であったこと。

などがあげられると思う。省みて現在の会社でこのようなプロジェ
クトはどれだけ存在するであろうか。時代は違うが、その精神は参
考にしたいと思うものである。
　なお、このトランジスタラジオの発売は、日本の他の電気会社に
大きなインパクトを与え、トランジスタの量産化に向かって大きな
激流を呼び起こした。東京通信工業というトランジスタをやっても
いなかった中小企業が、トランジスタラジオを発売したのである。
衝撃は大きかった。そして、トランジスタラジオは新しい魅力的な
商品になる事が証明された。日本各社はトランジスタの生産とトラ

ンジスタラジオの商品化に向かって一斉に走り出した。

　これが日本のそして世界のエレクトロニクスを真空管エレクトロ
ニクスから半導体エレクトロニクスに転換させる大きな転機を与え
ることになった。

　しかし、問題はラジオ用高周波トランジスタをどう作るかという
ことである。ベル研究所を始め、RCA, GE などすべてのアメリカの
トランジスタ生産会社は合金型ドリフトトランジスタを推薦してい
た。技術援助契約のない、そして独り突っ走った東通工だけがグロ
ントランジスタでこれを推進していた。アメリカと技術援助契約を
していなかったことも一つの理由である。その決着は次に述べる。

7.　グロン型ゲルマニュームトランジスタの問題

--- 高周波トランジスタ

　東京通信工業は、トランジスタでラジオの商品化を目指すと決め
た時から、ラジオに使う高周波トランジスタはできないからラジオ
を創る事はやめた方が良いと、ベル研究所から何度も言われていた。
それでも勇敢にこれに挑戦しようとしたのは、テキサスインスツル
メント社（TI）であった。ベル研究所で結晶引き上げ装置を開発し、
単結晶ゲルマニュームの重要さを世界に証明し、グロン型トランジ
スタを開発した Gordon Teal が TI に異動したのが 1953 年であっ
た。

　社長の Haggerty は、その機会をとらえてトランジスタラジオの
商品化計画を推進した。TI は 1952 年からベルとはライセンス契
約を済ませていた。そして 1954 年には開発を加速させ、年末のク

リスマスセールに向けて、世界初のトランジスタラジオを発売した
（\$49.5）。高周波トランジスタは当然ながら、ベルのグロン型トラ
ンジスタであった。東通工と同じである。

　ラジオは 4 石で音は小さく音質も良くなかったが、珍しさもあっ
て大評判になった。ここに大量需要が沸き起こった。しかし、問題
はラジオ用高周波トランジスタの歩留まりである。ベルが忠告して
いた通りのことが起こった。なんとか歩留まりを改善しようと努力
したが、かなわず、採算が取れなくなり、1955 年の内には生産を
中止して撤退した。東通工も同じ製法であった。したがって同じ結
果が起こった。トランジスタラジオは好評で売れていたが、このま
まではトランジスタ生産の将来性はないと関係者は皆考えた。

　岩間も真っ先にこれを問題にした。元々トランジスタそのものの
歩留まりも非常に低いものだったのに、その中から取れる高周波ト
ランジスタの収率も低く、苦労が続いていた。

　結晶引き上げ工程の担当課長になっていた塚本は、ペニシリンの
副作用で半年ほど療養中であったが、その間も特性改善の方法につ
いて考えを巡らせていた。

　担当の木内賢によれば、エミッタに使ったアンチモンが結晶引き
上げ中の高温によって拡散を起こし、温度の高い周辺部は特に拡散
速度が速くベース層の厚さを不均一にしているために歩留まりが悪
くなっていると考えた。

　結晶断面の NPN 接合の構造写真はそれを現していた。結晶の真
ん中部分と周辺部ではベース層が大きく異なり、周辺部はベース層
が消えるものがあった。代わりとして考えられるリンはベルの資料

によれば、その拡散係数はアンチモンと同じになっていた。

　一方、高濃度のエミッタは増幅率を高くすることが知られている。塚本は濃度を上げる事ができればその効果を調べたいと考えた。天谷は塚本から話を聞いて、それでは結晶引き上げ過程の偏析係数が大きく、濃度が高くできるリンを投入することが望ましいと考え、リンと錫の合金を作って塚本に渡し、これで実験するように勧めた。

　彼は "Transistor Technology" に示されたアンチモンとリンの偏析係数の値から、リンが高濃度を達成するために適切であると考えたという（リンはアンチモンより二桁大きい）。リンを単体のまま、あるいは錫箔に包んで投入するのはほとんど不可能である。錫はゲルマニュームに対して導電性に寄与する不純物ではなかった。

8. エミッタにリンを使用する実験

　リン / 錫合金によるエミッタにリンをドープする実験の結果は驚くべきものであった。

　従来のアンチモンの工程と同じ時間間隔でリンを投入したものはベース幅が広くなりすぎて、高周波特性は悪くなっていた。しかし、これはリンの拡散係数がアンチモンよりずっと小さいことを意味していた。塚本等はそれを調整して実験を進めたところ、高周波特性も良く、歩留まりも従来に比し格段に改善したものが得られたのであった。ベルの拡散係数のデータは間違っていたのである。元々塚本はエミッタの不純物濃度を上げることを目的として実験を始めたが、それは当然ながら実現され、さらに思わざるリンの拡散速度がアンチモンに比べてはるかに遅い、という事実を発見したのである。

これがこの改善の本質的な意味であった。

　しかし、濃度を上げるという当初の目的も達成されたことが、別の大きな新たな課題を提起することになった。

　岩間も当初の成果に大変喜び、これで製造を進めるように指示した。このトランジスタを 2T7 型と称した（2T5 型の改良型）。1957 年 4 月試作開始と記録されている。

　生産を切り替えるにあたっては、万一の失敗も考慮して十分な在庫品も作り、満を持して生産を切り替えた。ところが、今度は得られたトランジスタは全部不良品ばかりであった。在庫品も底をつき、トランジスタラジオの生産ラインも止まるところまで追いつめられた。ラジオの出荷も止まった。

　井深は塚本を呼んで、「お前は会社をつぶすつもりか」と詰め寄る騒ぎであった。

　この事態に至って社内ではどうすべきか議論が沸騰した。元の工程に戻すべきであるという意見が多かった。グロン型トランジスタを捨てて合金型に変更すべきだという意見もあった。

　その頃になると合金型の高周波特性は、drift transistor によって格段に良くなっていた。生産が止まってはどうにもならない。生産は一時元の工程に戻したようだが、岩間はひるまなかった。問題の本質がエミッタのリンの濃度が高すぎるためではないか、という推測があったからである。適切なリン濃度を実現すれば、問題は解決するのではないかと考えた。塚本と一緒である。

　江崎はその前年、神戸工業から東通工に移ってきていたが、岩間は江崎に特にこの解析を依頼した。岩間は「俺は元に戻らない。全

責任は俺が取る。今までの方針通り開発を進めるように」と塚本に指示した。

　こうして江崎はこのエミッタ / ベース接合がトンネル接合であったことを発見し（1957年5月）、"江崎ダイオード"の名で世界に勇名を轟かした。リン濃度が高すぎるとエミッタとベースの接合がトンネル接合になってしまう事が発見された。そしてリン濃度を正確に制御する方法が考え出された。それはリンの投入にInPという化合物を使うことだった。これはInとPが1対1で結合しているので、InPの正確な評量によって投入量を制御すれば何時も同じようなトランジスタができるようになったのである。

　InPを使う事を考えたのは天谷であると木内は述べている（参考文献"4"）が、天谷本人は否定している。実際にこのInPを作ったのは当時の研究課（岩田課長）の課員であった山田六郎であるが、彼は上司の指示によって作ったと思われる。

　この際Inは結晶成長の過程でsegregationが起こり（Inの偏析係数はPより2ケタ低い）、トランジスタ構造部分には含まれないのであった。トランジスタの周波数特性は15~20メガヘルツになり、これまで良くても3メガヘルツと比べて格段の性能向上を実現した。

　エミッタ接合がトンネル接合になっていたのは、若干説明が必要である。トンネル接合はN側もP側も高濃度でなくてはならない。ところがP側はそれほど濃度が高くしていない。どうしてトンネル接合になったのかを説明する。

　トランジスタの組み立て工程ではベースの電極を取り出すため

に、ガリュームを含む細い金線をパルス溶接によって溶着するのであるが、この金線の再溶融部分には大量のガリュームを含むことになり、高濃度の N と P が接触することになるのである。ベースの幅は 20 ミクロン程度で、金線の太さは 30 ミクロン程度だったと思われるので、金線の溶着部はエミッタからコレクタにまたがって存在していた。エミッタの濃度を適切にすれば溶着部の P 濃度が高くてもトンネル接合の形成を防げることがわかる。

もっとも金線の溶着部をコレクタ側にずらして行う方法も行われたが、金線の太さとベース幅の関係、さらに金線の溶接領域の広がりを考えれば、エミッタの濃度を下げるのが正しい解決法であった。

記録によれば、次第に 2T7 の生産量を増加させ、この年 12 月には月産 5 万本に達している。さらに生産を増加したと思われる。

考えてみれば、グロン型トランジスタは 1000℃に近い溶融ゲルマニュームの中に添加物を投入して作るのである。アンチモンのような高温まで固体で存在する元素なら粉末にして投入できるが、リンのような気化温度が低いものは投入できないと考えるのが普通である。したがってベル研究所ではそれができなかった。

錫 - リン合金を考えた天谷は、合金について、その前からアンチモン／鉛の合金を NPN 合金トランジスタ用に作って使っていた経験があった。その合金検討の経験が生きたのである。錫は不純物濃度の寄与しないことがわかっていたからである。

その後 InP 化合物が使われるようになった事は画期的であったが、その元は、このリン／錫合金の成功経験が土台になっている。塚本達の成功は、多くの技術者の努力が含まれている。

9. 東通工のトランジスタラジオの躍進と次の戦略

エミッタにリンをドープ（導入）することによる東通工のグロン型トランジスタは猛烈な躍進を見せた。今までほとんど 2% 程度、あるいはそれ以下だった高周波トランジスタの歩留まりが、一気に数十％に達し、さらに改善が進行した。90% を超えたと言われる。トランジスタの原価は低減し、生産量は一気に拡大した。

会社は生産量をさらに伸ばすべく、設備を増設し、作業員をさらに雇い 2 交代制で生産量を拡大した。それに加えて、短波のトランジスタもこれで生産した。

こうして 1957 年 8 月には世界初の中短波 2 バンドトランジスタラジオ TR62 を発売した。これは 2T7 トランジスタの高周波特性を生かしたラジオであった。同年 11 月には TR63 型という小形ラジオをアメリカに大量空輸し、一大好評を博した。会社は次々と新商品を開発して世に送り出した。

世界の各社はラジオ用高周波トランジスタの生産に苦しんでいたが、合金型 drift transistor は、1956 年 RCA が初めて商品化した。日本でも RCA に指導を受けて開発生産が始まったが、その生産は本格的には 1957 年頃からであった。

その頃の状況を述べれば、東芝は 1952 年に RCA と技術援助契約を、また 1954 年には Western Electric 社と特許契約を結んで、1956 年にはトランジスタの量産に着手した。

西嶋輝行は 1957 年 11 月トランジスタ工場長になって、ドリフトトランジスタを始めたが、歩留まりは 2% で 1958 年春でも歩留まりはゼロに近かったという。こうして東芝は 1958 年、2 バンド

トランジスタラジオを発売している。日立は 1951 年からトランジスタの研究を開始し、1952 年には RCA と技術援助契約を結び、1955 年からトランジスタの量産を始めた。そして 1957 年からドリフトトランジスタの開発を始めたが、歩留まりは悲惨な状況であったと当時の武蔵工場長であった佐藤興吾は述べている。

　NEC は早くも 1949 年に研究を始めている（長船）。しかし、RCA、GE と技術援助契約を結んだのは 1958 年で、同年トランジスタ工場を建設している。こうして 1958 年末までには神戸工業、東芝、日立、日本電気、富士通、などが Western Electric 社と基本特許契約を交わし、RCA，GE から合金型トランジスタの特許を買った。明けて 1959 年には三菱電機、日本無線、三洋電機が参入した。

　1955 年にトランジスタラジオを販売し、ラジオ用高周波トランジスタで苦戦した東通工は、他の会社に対してトランジスタラジオでは 2 年ないし 3 年のリードをしている事がわかる。2T7 型の量産を始めた 1957 年は、日本のどこでも生産性を含めてそれに匹敵するトランジスタはできていなかった。1958 年でもドリフトトランジスタは、まだ歩留まりなどで苦労している時であった。東通工のグロン型高周波トランジスタは、その時圧倒的な歩留まりで量産し、ていたのである。この開発は後に塚本によってベルには報告されたが、一般には発表しなかった。このトランジスタ（2T7 と命名）があってこの会社はトランジスタラジオで実質的に世界の先頭を切ることができた。岩間がグロン型を選んだことの優位さが、これによって発揮された。

　TI は同じトランジスタを生産して同じ問題を抱え、ついに生産

を中止した。東通工はどうしてこの問題を解決できたのだろうか。解決に至るまで多くの社員が悩み苦しんできた。それでもこれを改善しなければ先へ進めないという意識を共有して改善開発にあたってきた精神が TI と違っていたという事ができるのではないだろうか。ベル研究所でもできなかった事である。それは問題意識の持ち方にも違いがあったからかもしれない。ベルではラジオを作ることが目標であったわけではない。スイッチとしての多くの用途が当面の目標だったからである。

　切羽詰まって行動を起こした東通工は、やはりこの改善を成し遂げなければ会社の将来はないという現実を皆で共有できたことが大きな要因であったであろう。もしこのリンを使う技術が発明されていなければ、歴史は変わったものになったかもしれない。

　東通工はさらにグロンで究極的ともいえる 高周波トランジスタも開発した。岩田は メルトディヒュージョンという方法で、100 メガヘルツにも上る高周波特性を誇るトランジスタを開発し量産化した（2T20 型、1958 年 1 月試作完）。これは P 型ゲルマニューム基板結晶上に N 型および P 型の両不純物を含むゲルマニュームの粉末を乗せ、一気に表面を加熱して表面だけ溶融し、一気に冷却するものである。P 及び N の不純物の拡散速度の違いを利用し、わずかの時間内にトランジスタの構造を決定する神業的トランジスタであった。

　歩留まりは悪かったがソニー（1958 年から東京通信工業は社名をソニーとした）はこれで 1958 年 11 月には世界最初の FM ラジオ TFM151 を発売した。このトランジスタの改良型はその後のト

ランジスタ TV の音声中間周波増幅などに利用された。

　しかし、この 2T7 型トランジスタは、ソニー躍進の原動力になったとも言えるであろう。他の各社が取り組んだ drift transistor はトランジスタラジオの一時代を飾るトランジスタであったが、RCA の指導に従った日本の各社は、当然 RCA より後に量産を始めることになった。東通工（ソニー）はだめだと言われたグロン型でラジオの商売を始めて、ベル研究所に言われた困難を克服して他社を大きくリードした。

　ここにこの歴史的価値を再確認し、担当したエンジニア達の努力を高く評価したいと思うのである。このためにソニーは次の大きな発展を進めることができたのである。これによって同時に日本の半導体エレクトロニクスを牽引した。

　その後、このゲルマニュームトランジスタは、さらに優れたシリコンのトランジスタにその役割を譲ることになった。グロントランジスタの運命もまた同じである。ソニーはそれでも長くゲルマニュームトランジスタを使い続けた。

　井深は、トランジスタラジオの開発を始めて間もなく、まだその発売に至る前から、次はトランジスタテレビをやろうと密かに考えていた。トランジスタラジオが成功すれば、その小形化、高信頼性化などの従来にない特徴をトランジスタテレビにも持たせることができるだろうと考えていた。

　1956 年、井深はトランジスタテレビのために次はシリコンをやることに意を固めていた。当然岩間の意見が入っていたであろう。

こうしてこの時期、他社がトランジスタラジオで苦戦している時、次の作戦の手を打っていた。

1956年中ごろ、チッソ株式会社社長、白石氏にシリコン結晶の商品化を提案している。社内でも、岩間はシリコン開発のための作戦を始めていた。シリコン単結晶引き上げ装置の開発である。その年の春、今度は新人設計者、前川貢に設計製作を命じた。

こうして会社は今の課題を進めながら、次の商品開発にかかっていたのである。井深が愛用した言葉「鍬を手にして夢見る人」（リリエンソール）とはこういう事（人）を言うのではないだろうか。時代はこうして真空管エレクトロニクスから半導体エレクトロニクスに急速に移行していった。

この歴史の変換点の実情と関係した人々の努力の跡を記憶に残したいと思うものである。

参考文献

1. 『「源流」ソニー創立40周年記念』（1986年　ソニー発行）
2. 『電子立国日本の自叙伝（上）（中）』（相田洋著　1991年　NHK）
3. 『ソニーを創ったもう一人の男』

（大眦博善著　2006年　ワック株式会社）
4. 『ラジオ用ゲルマニュームグロン型高周波トランジスタの開発』
（木内賢ソニー学園湘北短大名誉教授、元ソニー著　2009年7月「半導体シニア協会ニューズレターNo.63」）
5. 『ソニーにおける初期のシリコントランジスタ』

（川名喜之著　2000年「技術史」第1号）

6. "Crystal Fire"

（Michael Riordan & Lillian Hoddeson　1997 年　Norton）

7. 『日本半導体半世紀』（志村幸雄著　1999 年　ダイヤモンド社）

8. 『ラジオ目的志向で成功したソニーのトランジスタラジオ開発(2)』
（鹿井信雄ソニー元副社長著　2007 年 1 月「半導体シニア協会
ニューズレター No.49）

9. "Transistor Technology "Vol. Ⅰ（Original Version）、Vol. Ⅲ
（Revised Version）

❹ シリコントランジスタの開発とソニー （川名喜之 3）

1. はじめに

　現代はエレクトロニクスの時代である。1947 年 12 月に発見された点接触型トランジスタが、その基礎になっている。以来トランジスタは接合型トランジスタに移り、それがゲルマニュームからシリコンの時代に移行し、IC が発明され、今日のエレクトロニクス時代を築いた。

　ここではソニーがトランジスタテレビにシリコントランジスタを世界で最初に応用して、シリコン時代を先導した歴史を振り返り、その後の発展を併せて記述する。

2. シリコン開発の先鞭を切ったベル研究所

　1936 年、ベル研究所の研究部長だった M. J. Kerry は W. Shockley に真空管に代わる固体スイッチの開発を命じた。電話交換機の将来を思ってのことであり、それがトランジスタ発明の端緒になった。

　戦争が終わって兵役から帰って、Shockley らの研究は加速したが、そう簡単に研究は進まなかった。1947 年 12 月トランジスタ現象が発見されるまで、10 年以上の歳月が流れた。

　J, Bardeen, W. Brattain の二人がトランジスタ現象を発見した時、Shockley はその場にいなかったので発明者にならなかった。彼は悔しさのあまり猛然と勉強して翌年間もなく Junction Transistor

理論を作り、現在に至るトランジスタ発展の道を開いた。

　最初の接合型トランジスタは成長接合型で、1949 年にベル研究所でサンプルができた。続いて 1951 年には、合金型が RCA と GE でできた。こうして 1952 年には、ベル研究所でトランジスタ特許を公開する Transistor Symposium が開かれ、製造技術も公開されて世界中で量産が始まることになったのであった。

　1950 年頃、J. Morton はベル研究所の中で、Western Electric 社で半導体を生産する研究室を作る任務を負わされていた。1952 年、大学の PhD から、この研究室に配属された J. Moll の最初の任務は switching transistor の特性を理解することだった。

ウォルター・ブラッテン博士（右）と岩間（1956 年）

　その後、機械的リレーを、半導体デバイスに置き換える任務に就いた。それはかの M. Kerry が考えた固体スイッチそのもののことであった。そのためには off の電流が小さく、on の抵抗が低くなければならない。彼は off 電流を小さくするには、バンドギャップの大きいシリコンを使うしかないこと、また拡散接合を少なくとも一つは使わなくてはならないことを主張した。

　これに対して、研究所の中では誰も異論を唱える者はいなかった。こうして彼の研究室はシリコンデバイスの開発に猛然と取り掛かった。1954 年から 1955 年の頃である。

　また、1952 年、J. Bardeen がベル研究所から Illinois 大学に移って 1 年後に、彼はノートにシリコン二重拡散型トランジスタの概念を記していた。シリコンが重要になるとする期待は必然的に沸き起こっていたし、その中で不純物拡散技術が基本的な役割を演ずるであろうことは先見性のある Bardeen は予見していた。

　その年、1954 年、N. Holonyak と J. Goldey が大学から新しい PhD として Moll の研究室に参加し、開発を加速した。他に M. Tanenbaum, C. Fuller, C. Frosch などがいた。

　彼らはスイッチとして優れていた PNPN スイッチの開発を目指したが、その間 NPN, PNP 拡散型トランジスタの開発も進めた。その過程で C. Frosch と L. Derick が 1955 年春に、偶然にもシリコンの酸化膜を発見し、これが拡散のマスクになることを見つけたのだった。こうして選択拡散技術を含む拡散ベース、アロイエミッタのトランジスタ、PNPN スイッチ、2 重拡散型シリコントランジスタなど、優れたデバイスが次々と誕生した。ベル研究所の黄金時代

が続いていたと言っても良いと思われる。

　なお、N. Holonyak は、真空蒸着による metallization の開発も行っていて、その重要性を述べている 1)。これらはほとんど 1955 年中に達成された。ただし、選択拡散技術は、特許の確定まで秘密にされ、1957 年 9 月に公表された。シリコンの時代がここからこのように始まった。

　また別の研究室では、1954-1955 年の頃、J. Andrus と L. Bond が Photolithography の開発を行っていた。これは以後の重要な技術となった。

3. 東京通信工業の対応

　1956 年 1 月、ベル研究所はトランジスタのライセンシー達に対し、最近の進歩を報告するための Symposium を開いた。1952 年以来である。名付けて Diffusion Symposium とした。それだけ拡散に関する技術とデバイスが主たる内容だったからであり、1955 年までの大きな研究成果が含まれていた。

　この Symposium の開催の知らせを聞いて、東通工の岩間半導体部長は、ぜひ出席しようと決めたが、今回はゲルマニュームトランジスタの生産化に貢献した岩田三郎を同行することに決めた。今後のトランジスタの開発は、岩田にゆだねるつもりであった。

　この Symposium の内容は、
（1）シリコンへの不純物拡散技術
（2）拡散ベース型ゲルマニューム高周波トランジスタ
（3）拡散ベース及び拡散エミッタ型シリコントランジスタ

（4）拡散型シリコン整流器

であった。

　これからのトランジスタはシリコンになるとするベル研究所の信念が現れていた Symposium であった。それは、拡散技術が重要な生産手段になることを示していて、岩間は岩田にこの重責を与えようと決心していたと思われる。

　Bell System Technical Journal Jan. 1956 には次の二つの論文が発表された。

"Diffused Base and Emitter Silicon Transistors" M. Tanenbaum and D. E. Thomas, pp1-22

"A High-Frequency Germanium Diffused Base Transistor" C. A. Lee, pp23-34

　この Symposium ではこの論文の内容が詳しく説明された。岩間は「これからはシリコンの時代だ、シリコンをやる」と決意したと思われる。同時に拡散ベースのゲルマニューム高周波トランジスタはテレビをやるために必要なデバイスであると認識し、これも着手することを決めたと思われる。ベル研究所のシリコンに対する信念は正しく岩間に伝わったと思われる。

　この Symposium には内外から 72 社が参加し、日本からも東通工を含めて数社が出席したと思われる。ベル研究所の副所長を勤めた J. A. Hornbeck はこの Symposium の後で「当面 Licensee の立場からみれば、市場の要求に対しては高周波の要望はあるものの、今はこれまでの技術で満足しているとして、この拡散技術は大きな技術革新を企画するような興奮をまき起こさなかった」と記している

（参考文献 13 より）。岩間はそうしてみると、Symposium 参加者の中では異例だったのかもしれない。日本の参加会社もトランジスタラジオをどう作るかに腐心していたと思われる。東通工はすでにラジオを発売しているという点も、この技術の受け止め方が他社と異なっていた理由かと思われる。

　岩間は帰国後井深や会社の幹部に報告したであろう。井深は既にトランジスタテレビを次はやろうと心に決めていた。前の年に日本で初めてトランジスタラジオを発売したばかりである。トランジスタがいかに商品を変えたかを見て次の方向を見定めたのであろう。

　トランジスタテレビをやるためには、ブラウン管内の電子流の水平、垂直偏向など、高い電圧と電流を取り扱えるトランジスタが必要である。テレビ内の温度も上がるだろう。高温に耐えるトランジスタが必要である。それにはシリコンでなくてはならない、という論理であったであろう。ベル研究所で電話の交換機の機械的リレーを固体素子に変える時に、低いリーク電流を達成するためにはシリコンでなければならないと決めた論理と通じるものである。

　岩間はその 4 月には新人の機械設計技術者前川貢に、シリコンの単結晶引き上げ装置の設計製作を命じた。ゲルマニュームの結晶引き上げは彼の上司の茜部が 1954 年に設計製作を行っている。前川は極めて困難な装置を上司と相談しながら、また工夫もしながら設計製作を始めた。そしてその年末にはなんとか完成した。

　また拡散技術をものにするために拡散炉を購入した。シリコニットヒータによる 1300℃まで上がる炉で、長い石英炉心管を含むものを外注した。さらに電極の形成には真空蒸着機が必要というので、

それを発注した。

　一方の井深は、シリコンの単結晶が必要なのはわかるが、ゲルマニュームのように酸化ゲルマニュームを買ってきて還元し、ゾーン精製機で高純度化すれば良いというものではないことに注目し、これは化学を専門とする他社にお願いしなければならないと考えて、新日本窒素肥料株式会社の白石宗城社長にシリコンの精製、単結晶生産の事業化を提案した。1956 年中ごろの事である。

　同社は検討の上、この年の終わりころにはシリコンの事業化を決心し、担当に肥料部長だった前田一博を任命し、東通工に挨拶に来ている。この年の終わりころである。この会社は幾つかの変遷合併を経て、現在の三菱住友シリコンに発展した 6)。

　1956 年はこうしてシリコントランジスタ開発に着手する準備で過ぎた。1956 年は日本の電気会社大手は、トランジスタラジオの開発に追われていた時であり、まだシリコンには着手していない。

　ただ NEC の長船は早くからシリコンを手掛け、早くも 1948 年暮れにはシリコンのインゴットを作り、マイクロ波シリコンダイオードを 1950 年に試作している。しかし、これは本格的な拡散型シリコントランジスタ技術ではなく、彼が本格的にシリコンに参入するのはしばらく後の事である。

　こうして 1956 年は、東通工にとってシリコントランジスタ開発の前段階を過ごしたことになる。江崎玲於奈を神戸工業から採用し、人材の強化を図った。同時に 1957 年に、大学卒の新人技術者を大量採用する方針を立てた。ただ開発に大量の人員を投入する気ではなかったようで、岩間の 1956 年早々のアメリカからの手紙にも、6、

7 名もいればかなりの事ができるだろうと述べている。

4. シリコンへの拡散技術とシリコントランジスタの開発開始

　1956 年暮れ、岩間は多くの大学の理系の教授に電話を掛けて、新卒の学生の採用活動を始めた。黙っていては人材の採用は難しいとみていた。東京大学工学部冶金学科の橋口教授にも電話を掛け、「出来の悪いので結構ですが一人世話をしていただけませんか。」と頼んだ。教授は大学院生であった私を呼んで「小さい会社だがトランジスタの技術ではどこにも負けない会社だ。訪問して見てはどうか」と声を掛けた。

　品川の東京通信工業の本社をすぐに訪れてみると社屋は木造建て 3 階であった。階段を上るとギシギシと音がした。岩間は機嫌良く会ってくれた。

ウイリアム・ショックレー博士（右）と岩間（1963 年）

　彼はトランジスタラジオの新製品の展示物を見せて、「こんなものは儲けるためにやっているのではない。次のトランジスタの研究開発費を稼ぐためにやっている。次はシリコンをやる。さらに化合物半導体も控えている。」と言って私を驚かした。新鋭半導体工場を案内して、私に何も質問することなく、良ければ来年早々からアルバイトで働きに来ないかと私にすすめた。3月に卒業予定であったが、その薦めに従うことにして次の1月から東京通信工業半導体部研究課（岩田課長）に出社した。

　今考えれば、シリコントランジスタを開発する準備であったことがわかる。私のアルバイトとしての最初の仕事は、江崎先輩のゲルマニューム表面現象研究助手であった。

　3月になったある日、江崎は松下電器中央研究所に電話して、その研究員三沢敏雄を呼び出した。「いつこっちへ来るのか」と言うのであった。今ではリクルートは珍しくないが私は驚いた。こんなあからさまにやっていいのかな、と思ったものである。三沢は松下でゲルマニューム成長型トランジスタの開発を担当していた。おそらく物理学会では知り合いであったであろう。

　三沢は間もなく東通工に入社した。そして4月1日になった。数十人に上る理工系の学卒を雇って会社は活気付いていた。岩田課長は、仕事の配分を発表した。シリコン担当は三沢と私になった。これが数十年も続いた私のシリコンとの付き合いの始まりであった。

　ベル研究所の1956年のDiffusion Symposiumの資料を参考にしながら、まずはシリコンに対する拡散技術の検討を始めた。

　P 型ではボロンとガリューム、N 型ではリンとアンチモンが主な対象であった。拡散ソースは、例えば B2O3, Ga2O3、P2O5、Sb2O3 などの酸化物であった。これを 2 段炉の低温部に入れて、酸化物蒸気を高温部にあるシリコンに流して拡散を行わせるものであった。またシリコンと拡散ソースを比較的低い同じ温度にして、いわゆる pre-deposition を行い、その後シリコンのみを高温にして拡散させる、drive-in を行った。

　トランジスタのベースとなる部分の拡散は、比較的低濃度が要求されるため、ボロンの pre-deposition と drive in を主に検討した。エミッタ拡散は高濃度のリン拡散を想定して pre-deposition なしの一回拡散を採用した。

　三沢の優れていたところは、このような拡散 sequence に対して、表面濃度を拡散深さと sheet resistivity の測定からを数学的に決定する方式を決めたことである。

　当然一回拡散と pre-deposition と drive in の工程とでは表面濃度一定の exponential 分布と拡散不純物量一定の complementary error function 分布との違いを考慮し、mobility の濃度依存性を考慮に入れた図表計算も取り入れての方式であった。

　もとより out-diffusion もあり、drive-in あるいは高温拡散中の不純物の酸化膜への取り込みなど考慮すべき要因は他にもあったが、とりあえず一つの方式を確立した事が大きな前進であった。三沢の指導のもと、私はどういうプロセスでやれば、表面濃度と拡散深さをそれぞれコントロールできるかを考察し、報告書にまとめた。

　これはその年の 8 月のことであった。岩間は評価したようである。

5. シリコントランジスタの開発

こうして 1957 年秋になった。当然、我々の目標であるシリコンパワートランジスタをどう作るべきか検討を進めた。

当時東通工は GE と技術援助契約を結んでいたので、GE 社のパワートランジスタを入手して解析した。エミッタ 1 本、ベース 2 本の単純な構造であったが、電極の形成が複雑な金属構成であるのみならず、シリコンと半田合金の直接合金化を行っていた。

これは試してみたが容易にできるものではなかった。プロセスの詳細は GE から教えてもらっていない。また特性を評価したが、2 重拡散でベース電極はエミッタを一部エッチして現れたベース部分に取り付けてあるため、E-B 間で電圧が高くて、とても使えるものではなかった。またコレクタ抵抗も目標よりもはるかに大きすぎて、こんなものを真似してもだめだとすぐに思った。

この年の 9 月には先に述べたベル研究所の Frosch と Derick の酸化膜マスクの選択拡散技術が公開された。ただちにこの追試を行ってこれを確認するとともに、これでエミッタ、ベース領域を形成すれば GE のパワートランジスタの問題の大きな部分を取り除くことができると確信して、これでパワートランジスタを設計することを決めた。

これによればエミッタとベースの間の抵抗を格段に減らすことができるだけでなく、表面濃度が高い状態での電極の形成がエミッタ、ベース一緒にできる可能性が見えたのである。

一方先に述べた 1956 年の Tanenbaum の 2 重拡散型シリコントランジスタの開発も捨てがたかった。三沢と私は、論文に従ってト

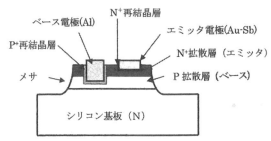

図 2-1　ベル研究所発表の二重拡散型トランジスタ（1956 年）
　　　　（参考文献 15 より筆者が再構成）

ランジスタを作っては評価した。2 重拡散で NPN 構造を作り、ベースの電極はアルミニュームを蒸着、合金化してベース電極を取り出す方法であった。実験は私が担当した。

　しかし、何回やってもトランジスタ動作は確認できなかった。三沢は自分でトランジスタ動作測定器を設計して、それで測定を繰り返した。こうしてこの年も終わりに近い頃、三沢のトランジスタ測定器（ベース接地）でベース電流に対してわずかにコレクタ電流が流れたのであった。

　三沢は岩田、江崎を呼んできて、これはトランジスタができたということでしょうか、と興奮しながら聞いた。α（電流増幅率）は 0.1 にも達していなかった。なぜだろう、どうして今までできなかったのができるようになったのだろう。もっと特性を良くするにはどうしたらよいだろう、などと自問する事ができた。

　わかったことは簡単な事であった。アルミニュームの合金がベースまで達していなかったのである。アルミニュームの真空蒸着量を

増せばよい、とわかってからは、特性は完全になった。歩留まりも良くなり、いくらでもできるようになった。1958年1月のことであった。

シリコン2重拡散型メサトランジスタができたのは他社より2年以上早いと思われるが、ソニーは何も発表していない。三沢は特性を測って、高周波特性が極めて優れている（40MHz動作）ことを確認した。デモのオーディオ装置などを作って皆に見せたりした。ベル研究所で開発が進んだ時から約2年強の遅れである。でも開発を始めて10カ月であった。

この際、エミッタとベース電極の作り方を念のため述べると、真空蒸着装置にウェファを入れる前に、メタルマスクを掛けておいて、始めに金-アンチモンをエミッタになるところに穴が開くようにしておく。一旦取り出して、顕微鏡付きのジグでベースになる部分に穴が来るように調節して、再度真空蒸着機に入れ、アルミニュームを蒸着し、取り出して、今度はストリップヒータで加熱合金化するのであった。

当然その後、メサエッチする。メサマスクはワックスを熱で融かし、顕微鏡下で先端のとがった棒でワックスをすくい、手でポタリとワックスの一滴をメサ部に落とすのである。

次にパッケージの仕方について説明する。まだその頃thermo-compression bondingは知られていなかったので、アメリカでも使われた点接触型の電極をベース及びエミッタ電極金属の上に立て、スプリング作用で押しながら、反対部分をパッケージのベース及びエミッタ電極棒に半田付けし、余分な部分は切り取り、蓋を掛けて

シールするのであった。あまりに容易にできるようになったので喜んでやっていたが、本来のパワートランジスタの開発を忘れたわけではなかった。

6. シリコンパワートランジスタの開発

テレビの水平偏向用のパワートランジスタの必要特性を調べ、それを実現するためには酸化膜マスクでの選択拡散（2重拡散）によるエミッタ、ベース構造が必要であるとの認識で開発を始めた。1958年2月頃である。

実はその前年に、単純2重拡散でベース電極を表面からアルミニュームワイアの合金で形成しようとしたパワートランジスタも試作したが失敗している。今回はその経験も加味して、上に述べた方式を採用した。電極はエミッタ、ベース同一金属構成でやることを考えた。当時ベル研究所では、チップは小さいが同一の概念で試作されたトランジスタも発表されていた。電極は真空蒸着によるアルミニュームであった。この頃には三沢、川名のチームに藤田信二が加わっている。

当時のシリコン単結晶は極めて高価であったが、フランスのペシネ社から購入して実験に使った。また先に述べたシリコン単結晶引き上げ装置が稼働するとアメリカのDupontから多結晶粉末を購入してこれで単結晶を引き上げて使った。担当は研究課の鎌田と製造1課（塚本課長）の三沢明である。結晶の直径は20 mm程度であった。

チップサイズは1枚のウェファから2チップ取れるように12

シリコンパワートランジスタ 2SC41 (1959 年 12 月)

mm × 6.5 mm とした。酸化膜の選択的除去にはフォトリソグラフィーの技術がまだ存在しなかったので、スコッチテープを張り付けて、ジグを用いてメスで切りこみを入れ、ピンセットで一方を剥がす方法で行った。三沢のアイデアである。それをフッ酸に浸漬するとテープのプラスチック部は剥がれるが、その下の接着剤がマスクとして有効に使えるのであった。

　電極の形成法は薄い金と少し厚い銀の連続真空蒸着によって実現した。当然その後の熱処理で金はシリコンと合金化し、強固な接着を確保し、その上の銀に電極を半田付けして完成させた。裏面はエミッタ拡散前にベース拡散層を除去しておいて後、エミッタと同様な拡散を施し、その後表面と同じ金属を蒸着してヘッダーに直接半

田付けしてオーム接続を可能にした。表面の真空蒸着には金属マスクを用いてベース、エミッタの所定部分に蒸着できるようにした。ここに至る前には多くの試行錯誤を続けた。

　銅のヘッダーに直接チップを半田で接着するのはおそらく世の中で初めてであったのではないかと思われる。それまでは膨張係数の小さいタングステンやモリブデンなどの金属を介して接着するのが常識であった。銅ヘッダーに直接接着しても過酷な温度サイクル試験で問題のないことを確かめた。

　もっとも大きな困難は、コレクタ接合のリーク電流の大きい事だった。とてもとても実用化できる様なものではなかった。なぜだろう、どうしたら解決できるのかが最大の課題であった。

　一つの手掛かりは小面積のPN接合のリーク電流は大面積に比してけた違いに小さいものが多いという事であった。いわゆる欠陥の存在である。さらに引き上げた結晶のトップとボトムでは、ボトムが極めて悪い率が大きいという事であった。ボトムに欠陥あるいは金属不純物が多い事を示していた。

　当然拡散の前処理がプロセス起因の欠陥を引き起こすことはわかっていたので、洗浄には細心の注意を払った。それでも当時の技術は、今のようにきれいにできるわけでもなかった。またP2O5をソースにしたエミッタのリン拡散では、拡散後に表面に欠陥が生じることが多かった。微小なparticleにリンが選択的に集合しリン珪酸ガラスのようなものを作り、それが拡散層を突き抜けて（spike）リーク電流を増大させるのであった。

　様々な対策を行ったが、それでもチップが大きければ、歩留まり

は急速に悪化することは避けがたかった。なんとかして小さなチップで大きな電流を取れるようにしたいとの気持ちで、最後はチップの大きさを6mm×3.8mmまで縮小し、エミッタストライプを長手方向に2本作り、ベースはその外側に3本のストライプを作った。コレクタ耐圧150V以上、低いコレクタ飽和抵抗で3A以上を目指した。これは8インチテレビの仕様であった。この製法は見てきた通り、チップ毎の金属マスクとスコッチテープの切り貼りである。エミッタ拡散はチップ毎である。これでは量産は難しい。

　1959年春には著者は製造準備のために製造技術課（吉田課長）に移った。トランジスタテレビにシリコンパワートランジスタを搭載する準備である。その後このトランジスタのマスキングはスプレイ法に改良され、電極は櫛型電極に改良され、1960年1月量産に移行された。

7.　ソニーのトランジスタテレビ開発
　井深は先に述べたように、1956年にはトランジスタテレビを次の開発目標として考えていた。実際にトランジスタテレビの開発に着手したのは1957年1月である。それでもトランジスタテレビ開発の実行指令は1956年11月に出されている。
　当時トランジスタテレビを商品として実現するために困難なトランジスタは以下だった。
　（1）チューナ用高周波トランジスタ
　（2）水平偏向用パワートランジスタ
　（3）垂直偏向用パワートランジスタ

（4）ビデオドライブ用トランジスタ（ブラウン管のグリッド駆動）

（1）の高周波トランジスタはベル研究所報告のゲルマニュームメサトランジスタで開発が行われた。2. は上に述べたシリコントランジスタである。3. はゲルマニュームパワートランジスタを当てることにした。4. は当時興味を持って開発されていたシリコングローン型トランジスタである。使用周波数帯域が広いだけでなくある程度消費電力も大きかったので、シリコンが望ましいとされた。

これらのトランジスタの開発は平行して行われた。同時に試作したそれぞれのトランジスタの特性を評価し、実際に回路に組んでテレビの試作を行った。

もっとも困難だったのは 1. のチューナ用高周波トランジスタであった。試作品はできるのだが、歩留まりが低くて生産量が上がらないという問題が続いた。3. の垂直偏向用トランジスタでは、生産はできるのだが問題は信頼性であった。テレビ筐体内の温度が上がり、高い電圧を掛け続けると特性が劣化し、テレビ画像のゆがみ

世界初のトランジスタテレビ 8-301（8 インチ型, Tr：23 石, Di：19 石）

が生じた。4. のビデオ出力用トランジスタは、接合型でもチップからの熱放散を考えてセラミックパッケージを採用した。問題は信頼性であった。チャンネリングの問題で、リーク電流が増大することであった。

先の 2. のトランジスタの問題は飽和抵抗が大きいことである。先に述べたように、コレクタ飽和抵抗を下げるためには大きなチップを用いなければならない。すると歩留まりが exponential に低下するという問題であった。

これらの問題は半導体開発とテレビ開発の技術者が一体となって開発を進めた。したがって全社一丸となっての開発の様相を呈した。これらの問題はそう簡単に解決するわけではない。夜寝るのを惜しんで開発を続けたが、会社はトランジスタテレビの発売に向かってゴーサインを出した。

1959 年 12 月ソニーは東京三越でトランジスタテレビの展示会を開いた 11)。そして翌 1960 年春には、世界最初のトランジスタテレビを発売した 5)。世間は、いつソニーがトランジスタテレビを商品化するのかという期待が高まっていた。井深が折に触れてその商品化について語っていたからである。

でもこの発表はソニーのエンジニア全体の勝利であった。彼らは満足であった。その独自の形のテレビは注目を集めた。そして日本中がこのニュースに沸いた。ソニーはその誇りに酔いしれていた。

しかし、トランジスタテレビ 8-301 を発売して起こったことは不良返品が多い事だった。水平偏向用のパワートランジスタは良くショートして壊れた。原因はブラウン管内の放電である。高電圧が

かかれば、このトランジスタは持ち堪えられない。またチップのヘッダーへの半田付けの際に起こる小さいボイドが局部的に熱抵抗を大きくしてそこで破壊が起こった 7)。

　ゲルマニュームパワートランジスタは、使用しているうちに画面のゆがみが生じて不評であった。シリコンのビデオ出力用トランジスタはリークが増大して壊れた。テレビ自身も好評とは言えなかった。返品が相次いだ。筆者はシリコンのパワートランジスタも飽和抵抗を下げなければこのトランジスタの将来性もテレビの将来性もないとみて、対応を考え続けた。ついにテレビ発売後間もなく、シリコンのチップの裏面を外側の額縁を残してその内側を極力薄くエッチングして後エミッタ拡散を行い（こうすればコレクタ側も高濃度にできる）、真空蒸着電極形成後表面を下にして、そのへこんだ部分を半田で充填する方法を考えた。チップを薄くすれば良いのだが、薄くすれば、チップの取り扱いが難しく、チップの割れが生じてしまう。苦肉の対応であった。しかし、これによって特性は非常に改善された。コレクタ飽和抵抗は劇的に下がり、チップの半田付けの際のボイドも改善された。チップの裏側の半田は一旦チップの状態で溶融して吸蔵ガスを追い出すことにしたためもある。

　その後、高耐圧パワートランジスタの世界では、3 重拡散型のコレクタ側の深い拡散層を有する構造になるのであるが、単純 2 重拡散型のパワートランジスタでは、このトランジスタは世界最高の性能を達成したトランジスタであった。

　さらに大きな改善が 1962 年に行われた。それは POCl3 によるリンの拡散技術である。これは P2O5 をソースとした拡散が不安

定でなお拡散の spike を起こしやすい事は先に述べた。なんとかこの改善を実現したいと液体ソースからの拡散に取り組み独力でこの新しい拡散技術を開発した（川名、矢木、特許出願成立したが独占権えられず。始めは PCl3 と N2 ＋ O2 を用いた）。POCl3 を用いてからただちにこれを生産に適用した。プロセスの安定性が高まったのみならず、Cl による気相洗浄効果もあって歩留まりの向上に寄与した。

ソニーは、この 8-301 に代わって小形ポータブルのトランジスタテレビを企画し、1962 年 4 月 5 インチのトランジスタテレビ 5-303 を発売している。この際には水平偏向用及び電源用トランジスタはすべてシリコンパワートランジスタにし、新たに開発された 2 重拡散メサトランジスタをビデオドライブに採用し、また日本初のエピタキシアルシリコン 2 重拡散型メサトランジスタを垂直偏向用などに用いた。

またブラウン管も工夫を凝らし、放電を起こりにくくし、また放電に際してもトランジスタに大電圧がかからない様な工夫も行われた 7)。

こうしてこのトランジスタテレビはアメリカに大量に輸出され大いに好評を博した。ソニーは次々と新しいテレビを開発し世に送り届けた。4 インチから 19 インチの白黒のトランジスタテレビまで、ソニーは世に送り出したが、このシリコンパワートランジスタ 12 インチまでは使い続けられた。生産は 10 年以上続いた。

エピタキシアルシリコン中電力メサトランジスタは、1960 年、塚本がアメリカからの新聞ニュースをいち早く見つけて、ベル研究

ポータブル化トランジスタテレビ 5-303（5インチ型）

所の後を追ってただちに開発を始めた。エピは三沢明、三沢敏雄
が担当し、後に星の担当となった。トランジスタは川名が担当し
1960年秋の電気学会で日本初のエピタキシアルトランジスタを発
表した（川名、三沢、福井）。1961年早々にはテレビの垂直偏向
用トランジスタの試作が完成したものである。

　この開発直後にこのトランジスタはエピタキシアル技術と共に塚
本によってベル研究所に紹介されたが、ベル研究所が驚いてサンプ
ルを置いていけと要望した話が伝わっている 10）。この理由はテレ
ビ用のトランジスタの仕様に合わせるように最小のチップ面積で対
応しようとして、エピタキシアル層の抵抗率とその厚さを極限まで
適正化したことによる。エピタキシアル層の基板との界面が気相中
及びエピタキシー層への基板からの不純物拡散によってなだらかに
なっていたことも好都合であった。

　ソニーがその動きの先端を切っていたのである。この設計の有利

さは後まで続いた。こうしてソニーはトランジスタテレビ時代の先
鞭を切った。

8. トランジスタテレビの普及

　1959年1月年頭に井深は週刊誌のインタビューで「私の正月の
夢はトランジスタテレビの出現である」と抱負を語っている。その
ための準備を進めていたからである。これを知って、日本の電気各
社は一層トランジスタテレビの開発に注力し、試作発表が続いた。

　3月には東芝が8インチテレビを、5月には日立が14インチ、
17インチを発表している。そしてソニーは12月25日である。ソ
ニーは発売のための発表であった。翌1960年4月30日に発売し
ている。それに反し、他社は技術発表をしても商品発売はなかなか
できなかった。様々な問題があったと思われるが、中でも偏向回路
のパワートランジスタの信頼性の問題が大きかった。ゲルマニュー

ジョン・バーディーン博士（右）と井深（1990年）

ムトランジスタでは高温に耐えられないのである。シリコンのパ
ワートランジスタが生産できるまで待たなければならなかった。

　日立は1966年白黒トランジスタテレビを発売し9）。量産で成
功を収めた。東芝はシリコンパワートランジスタの開発に注力し、
テレビの水平偏向用として量産して1968年頃には生産量日本1
位を誇った11）。それでも、1960年に発売したソニーの白黒トラ
ンジスタテレビはシリコンパワートランジスタを用い、トランジス
タテレビの先駆的な役割を果たした。

　白黒テレビが各社によって本格的にトランジスタ化されるのはか
なり後のことであった。

　カラーテレビが本格化するに伴い、ソニーも新たに開発してトリ
ニトロンというブラウン管を用いて業界に参入した。同時に発売に
あたって、全トランジスタ化して13インチのセットを1968年に
投入した11）。日立は全トランジスタ化した19インチのカラーテ
レビを1969年に発売し9）、テレビのトランジスタ化の波は一気
に広がった。

　水平偏向用のシリコンパワートランジスタも大幅な変革が行われ
た。そして、始めは信頼性の悪かった水平偏向用のトランジスタも
次第に改善され、消費電力の低下も相まって、本格的な普及を見た
のだった。

　トランジスタの発展はこうして社会と産業に大きな変革をもたら
した。

9. プレーナの時代

　W. Shockley が Palo Alto で始めた Shockley Semiconductor Laboratory から分かれたグループが Fairchild Semiconductor Company を作ったのは 1957 年で、シリコン拡散型のトランジスタをビジネスにした革命的なベンチャ企業であった。

　当然 2 重拡散型のシリコンメサトランジスタを始めたが、問題の一つは金属パッケージの蓋をパルス溶接で溶着する際の火花による金属片の飛散であった。これがメサ部に付着したり離れたりするたびに、リーク電流が変動した。J. Hoerni はチップ表面全体を酸化膜で覆っておけば問題は防げると考えた。これが革命的な技術となったプレーナ技術の誕生の原点であった。

　基本的にはベル研究所の発見の延長であるが、技術の革新と特許としての意義は絶大であった。Fairchild 社はこれによって急速に発展し、同時に 1959 年の R. Noyce による IC の発明につながった14)。

　日本でもトランジスタ開発の先駆的な仕事をしてきた NEC の長船は、1959 年会社の技術調査団のメンバーとして渡米し、GE を訪問している。帰国後、シリコンメサトランジスタの開発に注力することを決め、翌年 1960 年 2 月にはシリコンメサトランジスタを完成させている。さらに 1961 年、エピタキシアルトランジスタの開発も進め、この年の秋 Fairchild の社長 R. Noyce の訪問を受け、プレーナ技術の売り込みを提案された。

　かつて長船がアメリカ訪問をした時に面識があったのを頼りにしての訪問であった。交渉は難航したが、翌 1962 年秋 4.5% の特許

料で合意に達した 10,11）。この間の長船の役割は大きかったと思われる。この 1962 年の秋、ソニーの岩間が、Fairchild の Noyce を訪問してプレーナ特許交渉を提案し、長船に後れを取ったことがわかった事実がある 12）。NEC が Fairchild とプレーナ契約を結んだ利益は計り知れない、と「日本半導体 50 年史」は記している。NEC は Epitaxial planar transistor に注力し、Fairchild のトランジスタ技術に学んで一気にシリコントランジスタの生産量を拡大した。

　日本の他社は、プレーナ技術の特許料の高さに嫌気をさし、非プレーナ技術へと向かった。ソニーも会社としてはそうであったが、岩間はなんとしてもプレーナをやらなければならないと決めていた。当然 epitaxial planar transistor が目標である。岩間は強引に組織を再編し、岩田に半導体開発課を作らせ、プレーナトランジスタ、IC、超高周波及び大電力のトランジスタの開発を主目的に定めた。epitaxial planar transistor の開発担当は川名、矢木であった。epitaxy の担当は星であった。

　ここで先に述べた POCl3（特許ではハライド）によるリン拡散（川名、矢木）、planar high voltage 技術である guard ring 法（岩田、川名）、PN 接合の上の酸化膜上に張り出した金属による高耐圧技術（矢木）などが生み出され、特許登録された。

　同時に planar で高耐圧、低飽和電圧の中電力トランジスタが開発された。またトランジスタラジオ用の IC なども開発された。一番の困難は酸化膜上の欠陥の低減であった。先のパワートランジスタも同じ問題を抱えていたのだが、今度はバルクの問題よりも酸化

膜の欠陥の問題であった。この解決はなかなかできないうちに筆者が厚木工場転勤となり（1963年）、厚木まで引き継ぐことになった。

　それでもこの間に培ったepitaxial planar transistor技術は厚木工場で花開いて広く社内で使われただけでなく、多く外販された。テレビに次いでオーディオの分野でも、パワートランジスタは時代の先端を切って採用され、時代をリードした。

　ソニーはplanarやIC, MOSなどに対する開発規制があったりして、それ以後分野によっては他社に大きく後れを取った。それでもソニーはシリコントランジスタの先進的な一時代を作ったと信じている。

10. 井深、岩間のシリコンへ挑戦の意味

　井深、岩間は、日本初のトランジスタラジオ発売の翌年にはトランジスタテレビをやることを前提に、シリコントランジスタ開発、生産を実行することを決意し、実行に移した。他社はゲルマニュームトランジスタの生産を始めたか、あるいは開発中の頃であった。

　先にベル研究所のJ. A. Hornbeckが述べたと記したように、1956年のDiffusion Symposiumは、参加会社に新技術導入への興奮を巻き起こさなかったが、東通工は違っていた。次はシリコンの時代になるというベルの信念が素直に東通工に伝わった。それはトランジスタテレビをやるという目標が明確だったこともその理由の一つだったことは確かである。この先進性がソニーを躍進させる原動力になった。

　井深の優れていたのは、次の商品開発の目標が的確であったこと

である。それを考えると、その基本デバイスであるトランジスタは何でなければならないかが明確になってきたのであろう。ベル研究所のシリコン時代になるとする信念が、そのままソニーの信念になった理由である。ベルがリレーを半導体に置き換えるためにはシリコンでなければならないとした思想に通じるものがある。岩間がその世界の流れを井深に的確に伝えたことも確かと思われる。

　井深ははるか後に「自分は人より一寸先に仕事をやってきただけだ」と言ったと伝えられているが、この話はそれを良く表わしている。それは半導体と応用製品の発展の歴史の先端を行くものであったことが明らかである。彼は後に半導体の技術の流れに逆行する動きを見せたが、この時は時代の先端を正しく走り、世の中を牽引した。

　井深、岩間の先進的な指導によって、シリコントランジスタの技術の開発の歴史の一断面を記録できたことを、指導者に感謝しながら筆を置く。

参考文献

1. "Microelectronics: Its Unusual Origin and Personality" Raymond M. Warner, IEEE Transactions on Electron Devices, Vol. 48, No. 11, Nov. 2001

2. "Fifty Years of the Transistor: The Beginning of Silicon Technology" J. L. Moll, 1997Symposium on VLSI Circuits Digest of Technical Papers

3. "The Origins of Diffused-Silicon Technology at Bell Labs, 1954-

55" Nick Holonyak Jr., The Electro-Chemical Society Interface・Fall 2007

4. "Diffused Silicon Transistors and Switches（1954-55）: The Beginnings of Integrated Circuit Technology" N. Holonyak Jr., Manuscript for 1998 ECS Silicon Symposium,（not published）

5.『「源流」ソニー創立40周年記念誌』（1986年　ソニー）

6.『ソニーにおける初期のシリコントランジスタ』（川名喜之「技術史」第1号　2000年　日本科学史学会）

7.『ソニーもトランジスタテレビ用トランジスタの開発』（川名喜之「半導体シニア協会ニューズレター No. 60」2009年1月）

8.『マイクロテレビの開発』（沖栄次郎「平成15年度産業技術の集大成・体系化を行うことによるイノベーション創出の環境整備に関する調査研究報告書」2005年　日本機械工業連合会、研究産業協会）

9.『美しい映像を求めて―日立テレビ半世紀の歩み』（由木幾夫「日立評論 Vol.91, No.03」2009年、1999年）

10.『にっぽん半導体半世紀』（志村幸雄　1999年　ダイヤモンド社）

11.『日本半導体50年史』（垂井康夫 監修　2000年　産業タイムス、半導体産業新聞）

12.『ソニー初期の躍進と経営陣の苦闘』（川名喜之「技術と経済 543」2012年5月）

13. "Diffusion Technologies at Bell Laboratories" Mark P. D. Burges, Western Electric Main Page-Transistor History-Google Site, 2010

14.『電子立国日本の自叙伝（中）』（相田洋　1991年　NHK）

❺ ソニーのトランジスタテレビ用トランジスタの開発
（川名論文4）

1．はじめに

　ソニーが世界最初のトランジスタテレビ（白黒8インチ）TV8-301を商品発表したのは1959年12月25日、日本橋三越に於いてであった。それは会社の総力を挙げて寝る間も惜しんで開発してきたものだったので、全社員の喜びの日となった。ソニーはきっとやるだろう、いつやるのかという世間からの期待の声に突き動かされていた。

　このテレビは翌年5月発売になって世界の注目を集めたが、故障が多く、長く販売は続かなかった。けれどもこのテレビは、後継機のマイクロテレビ（白黒5インチ）TV-5-303（1962年4月発売）に引き継がれ、その後のソニーテレビ大発展の口火を切った歴史的なテレビであった。

　ソニーの前身、東京通信工業がテレビ用トランジスタの開発をどのように推進してきたのか、その歴史を辿り、会社トップとエンジニアたちの努力のあとを振り返って、読者の参考に供したい。

2．井深（当時社長）の夢と岩間（当時常務、半導体部長）の半導体開発への布石

　井深はトランジスタラジオの発売が始まり（1955年）、まだラジオの中間周波用トランジスタが低歩留まりで苦戦していて、ラジ

オの本格的な成功を収める前から、次の商品はトランジスタテレビ
だと決めていた。彼の夢を描く人柄のなせるところであり、優れた
戦略であった。

　一方、半導体の分野では、ベル研究所がゲルマニウムからシリコ
ンの開発に重点を移しつつあった。東京通信工業のトランジスタ
ラジオ発売後 1956 年 1 月、ベル研究所はトランジスタ特許ライ
センシーに対する 2 回目のセミナーを開いた。名付けで Diffusion
Symposium と言った。岩間はこれを見逃さなかった。自分と岩
田（当時半導体研究課長）の 2 人でこれに参加した。この月、Bell
System Technical Journal には 2 つの重要論文が載った。すなわち、
（1）拡散ベース型ゲルマニウムトランジスタ
（2）拡散ベース及び拡散エミッタ型シリコントランジスタ
である。前者はトランジスタテレビの高周波用トランジスタとして
名高いゲルマニウムメサトランジスタで、後者はその後のシリコン
トランジスタの発展の基礎となる 2 重拡散型トランジスタであっ
た。

世界初のトランジスタテレビ

　先の Diffusion Symposium では、その論文に載ったトランジスタの製法と拡散技術の詳細、さらに拡散型シリコン整流器の話が中心であった。ベル研究所はシリコンのゲルマニウムに対する優位性を信じていたので（J. Moll らを中心にして）、岩間はそれを学んだと思われる。シリコンは熱に強い。漏洩電流もゲルマニウムに比べて極めて小さい、高い電圧にも耐えられる。したがって将来はシリコンであるとの信念を、岩間はそこで受け継いだと思われる。

　帰国後、岩間は着々と手を打った。ゲルマニウムの高周波メサトランジスタとシリコントランジスタの開発を推進できるように、一部装置を購入し、シリコン結晶引き上げ装置の設計製作を命じた。また井深はその年の中頃、新日本窒素肥料（株）社長、白石氏にシリコンの国産化を促した。それが現在の三菱住友シリコン（株）の一母体となっている。その年の後半にはゲルマニウムメサトランジスタの開発を始めた（竹花担当）。その年に加わった江崎玲於奈も、後にこのトランジスタの開発を推進した。

　翌年初め、会社は松下電器中央研究所から三沢敏雄をスカウトし、4月入社の著者と二人でシリコントランジスタの開発を始めた。

　一方、トランジスタテレビの開発については、1956年11月に井深は同テレビ開発の実行指令書を発行し、翌1957年1月からその開発を始めた。その間、シリコンをこれに使うという明確な意思がトップの間で確認されていた。当時井深48歳、岩間37歳であった。

3. トランジスタテレビ用トランジスタの開発概要

1956 年、ベル研究所での Diffusion Symposium は、今後の開発の方向を明示しり、シリコンは 2 重拡散型がそれである。1957 年にはその方針に従って開発を始めていた。しかし、まだ他にも難しいトランジスタがあった。取り扱う周波数の幅が広く、比較的高い電圧が要求されるビデオ出力用トランジスタである。

会社は当時グローン型トランジスタが得意であった。電圧が高いためにシリコンを使い、特殊な表面メルト型シリコングローン型トランジスタをこの目的のために開発することにした。音声中間周波用は電圧が低いので、ゲルマニウムの特殊なサーフェスメルト型トランジスタを開発することにした。水平偏向及び電源はシリコン拡散型で、垂直偏向用は、ゲルマニウムパワートランジスタで開発を進めることとした。整理してみると、

チューナ用	ゲルマニウムメサ型
水平偏向用	シリコン拡散型
ビデオ出力用	シリコングローン型
音声中間周波用	ゲルマニュームグローン型
ビデオ中間周波用	ゲルマニウムメサ型
垂直出力用	ゲルマニウムパワートランジスタ

1957 年春の状況では開発はほとんど半導体部研究課が担当していた。岩間の方針であったと思われる。課長は先に述べた岩田、他に江崎（ゲルマニウム全般）、福井（評価担当）、三沢（シリコン）、

竹花（ゲルマニウムメサ）、藤平（結晶担当）、川島（ゲルマニウム
　サーフェスメルト）、山本（ゲルマニウムパワー）、川名（シリコ
ン）などがいた。次第に開発が進むにつれて大勢が変化し、製造準
備のための製造技術課（吉田課長）に仕事が移管されるようになっ
てきた。それに伴い、研究課から製造技術課にメンバーも移っていっ
た。1959 年の段階では、山本、川名が移動し、製造に備えた。表
面メルト法はゲルマニウム、シリコンとも岩田の指導による。

　余談だが、後に江崎は IBM へ、福井、三沢はベル研究所へ移動
した。

4．水平偏向用シリコン 2 重拡散型トランジスタの開発

　ベル研究所の Diffusion Symposium の内容に従って、2 重拡散型
トランジスタの開発を目指すことにしたが、まずは拡散技術を習得
しなければならなかった。

　三沢は半導体について経験のある優れた技術者だったので、川名
を指導しながら自らの新しい測定やプロセス、組み立て装置の設計
を行っただけでなく、拡散プロファイルの測定と表面濃度算定の方
式を編み出した。4 月から始めて秋までには、P 型、N 型の拡散深
さや表面濃度制御技術は一応マスターした。

　その 9 月、ベル研究所はシリコンの酸化膜が拡散のマスクになる
という技術をライセンシーに報告した。実は 1955 年の春、Frosch
と Derick は偶然シリコンにきれいな酸化膜ができることを発見し、
これによって選択拡散ができることを見出していた。ベル研究所は
ことの重要性を考え 1957 年の 9 月までこれを隠していたのだっ

た。Planar 技術はこの延長であるが、実際の発明者は Fairchild の Hoerni による（1959）。ともあれ筆者らは 1956 年のベル研のトランジスタ試作の傍ら、この選択拡散の確認も続けた。

この図 1 のトランジスタはなかなかできなかった。写真工程が存在しない上に、選択拡散がまだ使えていなかった。上の様に構造は作ったつもりだが、電流増幅率が出なかった。こんなことでトランジスタはできるのだろうかと言う迷いも出る始末だった。

1957 年暮れ、ようやく 0.1 程度の α（電流増幅率）が出て、大いに喜んだものだった。ベル研究所でも 1954 年のクリスマスの日に、この構造で 0.1 ～ 0.2 の α が出て大喜びをしたという記録がある。苦労の理由はすぐに明らかになった。ベース電極がエミッタを突き抜けて、ベースになかなか到達しなかったのである。その後はいくらでもできるようになった。

余談だが、当時ベル研の N. Holonyak は同じ問題からサイリスタを発明している。

あけて 1958 年、いよいよパワートランジスタの開発を始めた。先のトランジスタ開発の経験と技術援助契約を結んだ General Electric 社のパワートランジスタの真似をしようとした経験を参考にした。

まず GE のものはやはり 2 重拡散型で電極を取り出す方式だったが、コレクタ抵抗、ベース抵抗共に大きすぎ、工程も複雑で駄目だと判断した。またこれからは選択拡散型がもっとも有望であると判断し、ただちに設計にかかった。始めは 13mm × 6mm 程度の巨大なトランジスタを設計試作した。ウェハ径は 20mm だったので

1ウェハから2枚のチップが取れるようにしたのである。フォトリソグラフィーがないので、スコッチテープを貼り、治具を使ってメスで切り込みをいれて、エッチ部をはがし、これをマスクに酸化膜エッチ、メサエッチなどを行った。電極は金、銀の2層蒸着、金をシリコンと合金化して使った。裏面も直接ヘッダーに半田付けする新方式を編み出した。

　問題は話にならないくらいの大きなリーク電流だった。とてもトランジスタになりそうもなかった。なぜだろうと調べてみると、大きなリーク電流が起こる領域が点々と存在することがわかった。また結晶の引き上げ部位によって、すなわち、インゴットの下部からのウェハが悪いこともわかった。

　さらに拡散中の spike 現象といってエミッタ拡散の異常、すなわちエミッタ拡散が局部的にベースを突き抜ける現象もわかってきた。当時は洗浄も今ほど良くなく、クリーンルームも良くなかった。さまざまなプロセス改善と共に、もっとも大切なことは、チップを小さくしてできるだけ大きな電流をとることだと目標を定めた。何回も設計試作を繰り返し、最終的には 6mm × 4mm 程度のチップにエミッタ2本、ベース3本の電極をいれ、空中配線を行うユニークな設計とした。

　1959 年春から製造技術課へ移ってからの改善であった。そしてついにトランジスタテレビの発表の日を迎えた。その間デバイス評価担当の遠藤が特性改善を筆者に様々指示した。またテレビ設計者とも常に緊密な連携を取った。問題はチップが小さいだけコレクタ抵抗が大きくなることだった。私が頑固にチップサイズを小さくす

ることにこだわったためだった。遠藤は私に大きいチップを作れと
何回も迫った。

　製造に移管した後、あるとき岩間が突然私を呼んだ。「お前、シ
リコンのトランジスタの製造がどうなっているのか知っているの
か」と言うのであった。歩留まりが低く、出荷に差し支えるだけで
なく、大きな損害が起きているのであった。岩間も窮地に立ってい
たのであろう。早速現場を調べ、洗浄の問題を指導改善してなんと
か成果を上げることができた。

　発売されたテレビは故障も多かったが、画質も今ひとつであった。
テストパターンが丸くならないのである。水平偏向用のトランジス
タのコレクタ抵抗が大きいために、右側が延びてしまうのだった。
またリーク電流のスペックも大きく、秋の運動会ではテレビ部門は
それを冷やかして大きなプラカードに ICO=1A と書いて行進した。

　テレビが発売になっても私は毎日悩んでいた。チップを大きくす
れば歩留まりは低下し、物が作れなくなるという恐怖である。一方

シリコントランジスタ 2SC43

コレクタ抵抗を下げるのは緊急の課題である。

　矛盾する課題にどう応えるかが課題であった。ある日会社からの帰り道に、これはチップを薄くするしかない、しかしそうすれば生産中にウェハが割れ、またチップも割れて生産にならないのはわかっていた。エミッタ拡散はチップに切断してから行っていたのである。そこでチップに額縁をつける。その内部をエッチして薄くすればよい、ただし、どうやってやるのか、手作業で額縁をマスク剤で塗るしかない、その後も電極形成もそのままやると考えた。大変な手間である。でもやらねばならない、帰り道の間にそう考えて、翌日自分で試作を行い特性確認を行った。大きな改善だった。

　お陰でこのトランジスタは 8、5、7、9、11、17 インチまで、テレビがカラーになるまで使われた。使用中に壊れる物も多かったが、ゲルマニウムではできない分野を開いた。他社はシリコンができるまで本格的な商売を待たなければならなかった。ソニーからこのシリコントランジスタを買って商品を作る会社もあった。

　こうして世界初のコンシューマ用シリコンパワートランジスタの幕を開いたのだった。後に拡散法として自ら POCl3 による気相拡散法を発明した（矢木と共同）のもこのときのエミッタ突き抜け問題に対する問題意識によるものであった。

　また後に TI を訪れたとき、そこのマネージャは、シリコンをコンシューマに使うと決めたソニーのマネージャが偉い、と言ってほめてくれた。1956 年以来の井深、岩間のことである。

加藤のコメント

　私がソニーに入社して初めての仕事が、このパワートランジスタのリーク電流を減らすことでした。顕微鏡下でチップに逆方向電圧を掛けてリーク電流を図ると、必ず微小な点は赤く光っていました。この点が多いほどリーク電流が多く、小面積のチップでは光る点がなくリーク電流が極めて小さいので、リーク電流の原因はこの光る点であることは明らかでした。恐らく高温でホウ素やリンを拡散する時に、微小なダストなどがシリコン中に拡散して、結晶を壊しているのだろうと考えて、拡散前の洗浄を色々試して徐々に改善されました。

　ただし、現在は当たり前になっているクリーンルームなどない時代なので、完全にリーク電流を減らすことはできず、リーク電流の規格は 10 m A まで許容していただくなど、今では信じられない値で出荷していました。

　コレクタ抵抗を下げる方法として、川名さんは中ぐり法を発明されました。下図のようにコレクタ側をエッチングし、その後に半田を埋めるのです。私も試作を手伝いましたが、あまりにシリコンを薄くすると、半田を入れた時に反ってしまいますが、少しの反りなら特性に影響しなかったようです。

　この中ぐり法でトランジスタの特性は画期的に改善され、後にエピタキシャル技術が出るまで、世界最高のパワートランジスタでした。私にとっては、新タイプが生産に乗るまでには色々な苦労があることを、入社 1 年目に教えられた貴重な経験になりました。

5．ゲルマニウムムメサ型チューナ用トランジスタの開発生産

　このトランジスタほど世界の半導体技術者の胸を共通に熱くした
トランジスタはないのではないかと思われる。1956 年当時はそれ
ほど難しいトランジスタであった。

　図 2 のようにベース砒素拡散、エミッタは Al 再結晶層による
PNP トランジスタである。開発担当者、竹花良人の残したメモを
参考に開発生産の経過を辿って見たい。先にも述べたように、テレ
ビ用とランジスタの開発としてはもっとも早く、1956 年後半から
始まった。ベル研究所が発表したその年である。拡散は真空中で行
い、ソースは As doped Ge を用いた。

　問題は電極の形成であった。2 本の電極 stripe をどう作るのか、
現在のようなフォトリソグラフィーはなかった。そこで薄い短冊状
のステンレス板を縦横に並べて溶接し、1 列 5 個のメカニカルマス
クを作った。これをマニピュレータでウェハに密着させてマニピュ
レータごと真空蒸着機に入れ、まず Al を真空蒸着する。その後真
空を破り、ウェハを取り出して、マニピュレータでわずかにマスク
を Au-Sb 蒸着領域まで動かし、固定してまた真空蒸着機に入れて

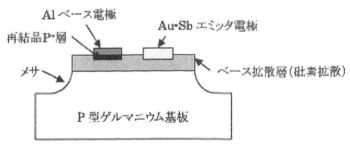

図 3-1　ゲルマニウム拡散ベーストランジスタ

蒸着を行った。これでは蒸着中の加熱ができず、Al の合金化の条件だしが難しかった。

その後、様々な改良を加え、1958 年には打ち抜き法によるマスクが開発されて蒸着技術は大きな進展を見せた。次にはフォトレジストによるマスク加工に続くことになる。

メサエッチのマスクは手作業で一つ一つ熔かした松脂などを針先からたらして行った。

HFE（電流増幅率）の確保のために、Sb ソースによる out-diffusion や電極形成後の洗浄処理など様々な検討が続いた。

また、当時蒸着電極からのリード線の取り出しは、リン青銅やタングステンのワイヤをニッケルスリーブに通してこれを圧着し、スプリングをもたせるように加工してワイヤの先端を鋭くし、その先端でスプリングコンタクトしていた。大変な努力であった。当時ベル研究所で開発されたばかりの Thermo-compression Bonding を実用化しようとして機械課のメンバーが設計開発を始めた。

トランジスタテレビ発売の前年 1959 年、岩間はこれは半導体部の総力を挙げて行わなければならない仕事と位置づけ、1959 年 4 月、このトランジスタの技術委員会を設けることにし、自ら第一回の会議を主催した。彼は冒頭次のように述べている。

（1）現在、当社はテレビの製造に踏み切る決意をしており、ブラウン管は自家製造する見込みがついたので、トランジスタの方も強力に推進して行きたいと考える。
（2）TX102（ゲルマニウムメサトランジスタ）はテレビに使用す

ると共に、高周波の最終的なタイプと考えられるが、従来のトランジスタ製造技術の粋を結集してこれにあたる必要がある。

（3）過去3年間試作検討が進められてきたが、今後はある程度の数の組み立てを、系統的にまとめて検討して行く時期であると考える。この秋から月産3000のラインを作りたい。

（4）主任担当者は江崎研究員である。

などと述べている。彼の危機意識が聞こえるようである。

参加者は研究課、機械課、製造技術課からそれぞれ数名であった。

それでも歩留まりはなかなか上がらず、TCB（Thermo-Compression Bonding）作業も難航した。蒸着した金属電極ストライプが一様な合金にならないことも困難の一つだった。パイロットラインは大変な苦戦であった。

1960年、トランジスタテレビ発売の年である。それでも生産数量の確保が厳しい状態が続いた。その苦戦は生産が厚木工場（1960年発足）に移ってからも続いた。機械課のエンジニアはTCB装置に工夫を凝らし続けた。作業者はどうしたらTCBがうまくつくのか経験を重ねながら、次第にコツを覚えていった。

1962年のある日、岩間は厚木工場を訪れた。このトランジスタの生産の問題を自らの目で見て指導したい、この危機を自ら乗り切らねばという思いがあった、と筆者は推定している。工場長の小林はこの日緊張して迎えたと「源流（ソニーの歴史）」には書いてある。

岩間は従業員全員を集めてこう話した。「厚木の皆さん、ご安心ください。世界一のトランジスタのエンジニアである私が皆さんの

お手伝いに来たからにはもう心配は要りません」と言ったのだった。彼はそれから毎週水曜日には厚木を訪れ、現場を指導激励した。現場も熱が入ったであろう。そんな事もあり、次第に生産は順調になっていった。長い長い戦いであった。

　トランジスタテレビ用トランジスタは先にもあげたように、まだたくさんある。それぞれに物語がある。しかし、ひとまずこれで筆をおきたい。井深、岩間の卓越した見識と指導に敬意を表しながら。

❻ ソニーにおける初期のＣＣＤ開発史（川名論文 5）

　ソニーはイメージセンサで世の中の先頭を走っており、そのおかげで関連製品を含めて会社はそこから大きな力を得ている。近年の低迷するソニーの業績の中で、ひとりイメージセンサが業績を支えているかのような観がある。

　その初期のＣＣＤ開発の歴史は、今までも様々語られているが、ここに改めて初期の苦難の開発の歴史を振り返り、参考になるところがあれば幸いと考えて記すものである。

１．岩間和夫ソニーアメリカ社長

　１９７１年、岩間は前任者、盛田昭夫帰国の後を受けて、ソニーアメリカ社長としてニューヨークに赴任した。岩間はソニーの前身である東京通信工業のトランジスタ開発の牽引者であり、トランジスタラジオ、トランジスタテレビなどの、当時の画期的な製品を作り出す原動力となった人である。

　残念ながら、１９６６年岩間が専務に昇格するにあたって、彼はソニー製品全体の担当になり、半導体担当から離れてしまった。これには当時の社長、井深との半導体の新技術の関する理解に大きな差があったことが理由の一つと考えられる。

　当時プレーナ技術やＩＣが次世代の大きな半導体の革新をもたらすものとして期待されていたが、井深はそれに対して徹底して反対であった。

カムコーダー CCD V-8

　岩間はなんとかしてその技術の前進のために力を尽くしてきたが、ついに一つの段階を迎えたのであった。

　半導体を離れるにあたって、厚木工場を訪れた岩間を送り出すささやかな宴会が厚木の料亭で開かれた事があった。数名の参会者の中に筆者が岩間に呼ばれて入っていた。席上彼は話の弾みに私に向かって「俺はクビになったのだ」と突然言った。

　筆者はそれを知らないでいたので、何のことかわからなかった。

　でもそれが事実となり、ソニーの半導体は次第に世の中の大勢から離れ、後れを取るようになってしまった。

　特にMOSLSIの分野では、決定的に世の中に後れを取った。電卓で失敗し、MOSLSIを実行するチャンスを失っていた。ニューヨークに赴任した岩間は多忙であったであろう。

　それでも半導体のことはいつでも頭から離れることはなかったと思われる。

　ソニーの半導体が世の中に後れを取り、いつかまた元気になる日を夢見ていたと思われる。

　彼はアメリカの半導体事情を常に観察していたようである。

　ＭＯＳＬＳＩの急速な発展を見るにつけソニーの半導体を思い出していたと思われる。

　実はアメリカ赴任前であったが、１９６９年の終わり頃、彼はベル研究所を久しぶりに訪問した。会ったのはＣＣＤの開発者、W.Boyle と G.Smith であった。

　彼はそこで開発されたばかりのＣＣＤについて、発明者の興奮を直接聞いていた。確かにすばらしい発明であった。

　ただし、発明は磁気バブルに対抗する半導体デバイスは何があるかという話題で話し合った２人の間で、ほぼ１時間で基本的な考えができあがったという。

　岩間はこの時のことを、終生忘れなかったと思われる。

２．岩間ソニー中央研究所所長　ＣＣＤプロジェクトの設定

　１９７３年６月、岩間はソニーアメリカ会長兼任のまま東京に帰り、ソニー副社長に就任した。

　同時に異例ながらソニー中央研究所長を兼任した。副所長は高崎専務（厚木工場長兼務）となった。

　ソニー中央研究所は１９６１年、横浜の保土ヶ谷に、企業の研究所としては珍しく、基礎的な研究も含む研究所として発足した。

　エサキダイオードが発見され、企業でも基礎研究の重要性が指摘された時代であった。しかし、時代の進展と共に基礎研究の難しさ

も認識されるようになり、もっと企業の事業に役立つ研究が求められるようになり、研究所のマネージメントも変革された。

　しかし　また時間が経つと事業に役立つ研究は事業部でやるのが効率的であるという意見が強くなり、また研究所のマネージメントは変革を求められた。

　岩間はそういう中で、新しい研究所のあり方を模索する仕事を始めた。

　彼は研究員達からそれぞれの研究の話を聞き、熟慮の上ソニーの将来のために重要で、事業部ではただちに取りかかれないテーマを厳選して決定し、それ以外はテーマを廃止するか、小規模化し組織を変え、人事を変更した。実際には岩間の指示で高崎が実行した。

　　１９７３年のそのテーマとは、

（１）磁気記録材料、デバイスおよび磁気記録技術

（２）化合物半導体技術およびデバイス

（３）衛星放送用デバイスおよび材料技術

（４）デジタル信号処理技術

（５）ＣＣＤ

　であった。当時の状況が窺える内容である。

　ＣＣＤは１９７０年１２月より越智成之の主唱によって数人の賛同者を得、当時の所長の許可を得て始められていた。

おそらく日本でも最初にＣＣＤ開発を始めたグループに入るのではないかと思われる。

　越智は、Bell System Technical Journal（Apr.1970）に載ったＣＣＤの論文を読んで、これに感銘を受け、この開発を決意したという。

　岩間はこれを見て大いに興味を持ったと思われる。

　すでに試作されていた８×８の画像を見て、ベル研究所でかつてみた研究がソニーでも行われていたのか、これを取り上げようと考えたと思われる。

　越智の話によれば、岩間は中央研究所長になって半年の間。担当者達とその将来性、応用範囲などについて議論の上、１９７３年１１月にＣＣＤプロジェクトを設定する方針を決定した。

　その時、岩間は小型ビデオカメラを目標として想定していた。

　「ＣＣＤカメラを今後５年以内で商品化せよ。その時のシステム価格は５万円を目標とせよ」というターゲットを示し、担当者達を驚かせた。

　ソニーは１９６４年、世界初のＶＴＲ（ＣＶ－２０００）を開発、１９６９年には３／４インチテープ幅のＵマチックを世に出し、家庭用ＶＴＲ時代実現に向かって、長い長い道のりを歩き続けていた。この年１９７３年には、家庭用ビデオ時代を開くことになったベータマックスの量産に向けてのタスクフォース組織、技術準備室が発足している。

　一方、ビデオ時代に必須の撮像管の開発も進み、１９７１年にはトリニコンという新方式の撮像管を開発している。

　しかし、当時の撮像管は残像が多く、高温に弱い、機械的な振動にも弱いなどの信頼性の問題を抱え、解像度も良くなかった。また

必然的に大きかった。

　岩間は、このような不十分な画質と性能ではとてもお客の満足は
えられない、ＣＣＤはこれらの問題に応えられる理想の撮像素子で
あると考えたであろう。しかも、これが半導体のＭＯＳ技術によっ
て実現できる。

　これこそソニーの半導体のバイポーラに偏った技術を将来のＭＯ
Ｓ時代に備えることができる。一石二鳥のテーマではないかと考え
たと思われる。

　こうして１９７３年１１月、ソニー中央研究所内にＣＣＤプロ
ジェクトが発足したのである。

　岩間はＣＣＤプロジェクトの目標を示しながら、「我々の競争相
手は、フィルムメーカー、イーストマン・コダックだ」と宣言した。
彼はＣＣＤによって、本当のビデオ時代を拓くことができると考え
た。

　ここで井深のことに触れておきたい。井深はトランジスタテレビ
を世に送り出して以来、次は家庭用ＶＴＲをものにしようと考えて
いた。

　木原にその開発を指示して、次々と新しいモデルを作って来てい
たが、本当の狙いはカメラ一体型家庭用ＶＴＲだった。１９６４年、
木原の結婚式のスピーチで彼は参会者にその夢を話している。しか
し、どうやってこれを実現するのか、どういう技術がそのために必
要なのかは彼にはわからない。

　本当の解を見つけたのは、岩間だったのである。

　しかし、このプロジェクトの設定は画期的ではあったが、岩間が

示したように、短期間に実現できるものではなかった。

　まして、当時のソニー中央研究所の半導体プロセスを行う設備や
クリーンルームは劣悪で、高度の清浄さと微細加工技術を必要とす
るＣＣＤビデオカメラ用のデバイス開発にはまったく不向きであっ
た。

　岩間は、後にこれに気がついて対応を指示したが「実際の開発が
非常な困難に遭遇したのは、むしろ当然であった。

　歴史的に見れば、その後の全世界にわたる半導体技術、関連装置、
材料技術などの飛躍的発展をベースにして、初めて達成できたもの
である。それにもかかわらず、このプロジェクトの設定が後にソニー
のビデオを救い。会社さえ救ったプロジェクトであった。という歴
史的な意義は忘れてはならないであろう。

3、最初の困難とプロジェクト体制の再編

　先にも述べたように、当時のソニー中央研究所の半導体シリコン
用クリーンルームはみすぼらしいものであった（応用第３研究室、
若宮室長担当）ＣＣＤの開発には高度の清浄度、微細加工が要求さ
れるのであるが、そのためには極めて不十分であった。

　さらに加えて、シリコン結晶中の金属不純物と結晶欠陥の相互作
用による微細欠陥の制御が重要であったが、技術的理解はそこまで
進んでいなかった。

　これらすべての原因でできてくるＣＣＤ面センサ画像は、白点、
黒点、白線、黒線などの画像欠陥が多くて、１２０×１２０程度の
画素数の面センサでも、満足な画像はとても得られなかった。

　ここで開発体制について少し説明すると、越智が主唱して始めた
プロジェクトであるが、ＣＣＤの設計と評価。ＣＣＤの応用、すな
わちビデオカメラの開発は、越智のグループ（基礎第７研究室、古
田研究室長内）にあり、半導体プロセスを使ってデバイスを作る仕
事は、先述の応用第３研究室の担当であった。

　問題は、プロセスを担当する応用第３研究室であった。簡単にで
きないのは、これまでの説明から当然であることが理解できるであ
ろう。

　そこにはプロセスの優れた専門家がいたわけでもなかった。イオ
ンインプランテーション装置も研究所にはなく、厚木工場でその処
理をしてもらうしかなかった。ポリシリコンゲート技術も新規で
あったし、困難なテーマはたくさんあった。

　中央研究所は、新規な材料やデバイスの開発、新規な現象の発見
などの研究を行うという精神は旺盛であったが、ＣＣＤやＬＳＩの
開発などの全員参画と協力によってデバイスを作り出すという高度
の集団的開発行為には不慣れであった。

　岩間が設定したプロジェクトが始まって１年が経とうとしてい
た。岩間は自分が想定したように開発が進んでいないことに気をも
んでいた。

　実はこの年１９７４年夏、電気試験所から菊池誠が新たにソニー
中央研究所長に就任した。

　彼もＣＣＤプロジェクトが順調に進まないでいることに不安を
持っていた。

　一方、ソニーの厚木工場は半導体の本部であるが、ＣＣＤ開発が

暗礁に乗り上げていることを横目で見ていた。そう簡単にできるものでないことは彼らにはわかっていた。岩間の苦しみも担当者の苦しみもよくわかっていたが、なすすべはなかった。

　元々厚木の半導体事業本部と中央研究所は、仲が良くなかった。協力しようなどという気持ちはさらさらなかった。

　１９７４年１１月、岩間はＣＣＤ開発体制を改定しようと考え、高崎に命じて、厚木工場のエンジニアをこのプロジェクトに参加させる方法を検討させた。

　ある日の午後、高崎はＣＣＤ開発体制刷新の腹案を胸に会議を招集した。参加者は中央研究所から菊池所長、渡部尚三副所長、厚木からは中村圭一半導体事業本部長、川名製品開発課長であった。

　高崎はＣＣＤ開発体制の改革の大切さを説き、厚木からの援助と参画が必要なことを述べ、厚木側の協力を求めた。

　中央研究所側はこれに賛成である旨を述べ、厚木側はマネージャーを派遣することについて意見を述べ、具体的な名前をあげて提案した。しかし、実はもっと実質的な協力の道はあったのである。プロセスを厚木が担当するとか、プロセスの開発を協力するとかである。

　しかし、そういう協力は、今までの両者の間柄ではなかなか困難であったかもしれない。

　高崎はよくわかっていた。ここは時間を掛けて議論しようと考えたようである。会議はこれで次回の会議を約束して終了した。

　高崎の第２回目の会議は、１週間か１０日後の夜に開かれた。場所は高崎の自宅であった。

　席上、菊池は厚木からのマネージャーの派遣について川名を指名して参加を要望した。これは第１回の会議ではなかった案であった。

　筆者はお役に立つならばお引き受けします。と答えた。高崎はただちに賛成した。中村は驚いたであろう。後でどうしてあんなことになったのかと筆者に聞いた。

　中央研究所側はその間、準備を進めていたのだった。高崎にも相談したであろう。岩間も話を聞いていたかと思われる。その後は思わざる展開が続いた。

　厚木工場の製品開発課と中央研究所の応用第３研究室を統合して半導体開発部を新設し、菊池を部長兼任とし、川名は次長として中央研究所でＣＣＤ開発を主に行う、というものになった。

　筆者は製品開発課の中のＭＯＳ開発グループを設備も含めて全員中央研究所勤務に変更した。

　こうして新しい体制でＣＣＤ開発を進めたのであった。１９７５年１月のことであった。

４、引き続く困難

　岩間は、ＭＯＳの将来に期待を掛けていたが、マイクロプロセッサなどの開発も意のようにならず、厚木のＭＯＳグループをこの際ＣＣＤに賭けることも、やむを得ないと考えたのであろう。

　ＣＣＤがものになれば、ＭＯＳもきっと立ち上がると考えたと思われる。新体制で始めた開発は、それでも難問山積であった。

　厚木から運んできた多くの大型装置を設置し、配線、配管なども終えて開発を始めたのは、その年の３月のことである。

　菊池は、それまで越智のＣＣＤ設計、応用グループとプロセスグループの間でよく争いが起こって、良い協力関係ができないことがあったからと言って、筆者に両者を統合したＣＣＤプロジェクトマネージャーを担当するように命じた。

　プロセス装置の運転にあたっては、特に純水の不足が問題になった。残業で使いすぎると翌朝は純水が出なかったりして、作業に手間取った。

　もっとも困難なことは、フォトリソグラフィであり、また画像欠陥が減らないことであった、その頃、マスクアライナはプロキシミティ方式であったので、マスク合わせの段階でマスクにレジストが付着してしまい、欠陥を生じるのであった、したがってできあがったＣＣＤのサンプルは、断線ショートが至る所に生じるというありさまであった。

　一方、画像欠陥は先に述べた通りで、原因はどこにあるのか、どうすれば減らせるのかよくわからなかった。まず試みたのはベル研究所で当時開発された裏面リン拡散による gettering 技術の採用であった。

　さらに、oxidation induced stacking fault をなくすための対応なども進めた。結晶では東洋シリコンとの共同研究をやったりして、加工技術の改善などに努めた。

　一方、フォトリソグラフィではその頃、Perkin Elmer（PE）社の projection aligner が売り出された。

　やはり、この機械でなくてはいいものはできないと考え、高価ではあったが、おそらく日本で最初と思われる早さでこの機械を導入

した。これは効果的であった。

　実は後年 Fairchild でＣＣＤを担当した G.F.Amelio と話をしたことがあるが、彼もアメリカで初めてＰＥ社の projection aligner を購入したということであった。

　こうして１９７６年８月には３チップ方式カラーカメラを試作できるまでになっていた。

　岩間は毎月のように中央研究所を訪れ、進捗状況、画像欠陥の原因を質問した。こちらもよくわからないので、岩間はいつも不機嫌であった。

　１９７６年ソニー社長になった岩間は、本社の周囲に「ＣＣＤの欠陥の問題はまるで生物学だ。複雑な現象が絡まり合ってわけがわからん。

　やってもやっても底が見えない」と嘆いた。

　それでもプロジェクト外ではあったが、解析研究室ではこの欠陥の研究を積極的に進め、結晶欠陥と金属不純物の結合状態を解析的に把握した。

　こうして色々な改善策の効果は次第に出てきていた。

　１９７６年夏から秋にかけて、世の中に出しても恥ずかしくないＣＣＤカラーカメラの絵を出したいと頑張り続けた結果、２方式によるＣＣＤカラーカメラ２種類を作ることができた。

　まだ欠陥が残っており、感度も良くなかったが、これを学会発表することにして、翌１９７７年２月のテレビジョン学会にそのうちの１種類を、同年４月の電子通信学会半導体トランジスタ研究会にそのデバイス構造を発表した。

　これはＮＴＳＣの Full Resolution Camera では世界で２番目の発表であった（１番目はベル研究所とＲＣＡ）、これは日本の半導体デバイスメーカーに対して衝撃を与えた。

　各社は、固体カメラについて、再び注目を深めざるを得なかった。

　もう一つは、ＭＯＳの力があるとも思えないソニーが発表したことでもあった。このような成果はあったものの、まだ商品化するレベルからは、はるかに遠かった。

　社内でのＣＣＤプロジェクトに対する批判が次第に強まるばかりだった。研究費がかさむ一方で、いつ商品化されるのか見通しが立たないからである。

5、競合会社との共同研究の提案からプロジェクト存続の危機へ

　岩間はＣＣＤプロジェクトの進展の遅さは、ソニー半導体のＭＯＳプロセス技術の遅れにあるのではないかと考え、その方面の技術が進んでいると思われた日立との共同開発を進めるように、菊池に命じた。１９７７年３月の頃である。

　競合する半導体会社と大切なデバイス開発を共同して進めるというのは、当時ではほとんど考えられないことであった。

　岩間は「競争相手は半導体会社ではない。コダックだ」と言って共同開発を進めさせた。

　しかし、菊池を中心にしてプロジェクトメンバーが日立中央研究所を訪れると、先方はＣＣＤではなくＭＯＳ型の撮像素子に将来性があるとして、どちらが優れているかの議論になり、具体的な共同研究の話には至らなかった。その後、日立側からソニー中央研究所

への訪問もあったが、それ以上具体的な共同開発の話には至らなかった。

　岩間はそれを見て菊池に、今度はＮＥＣとの共同開発をやれと命じた。しかし、それは無理なことであった。話は菊池がＮＥＣの植之原中研所長に話をしたところで終わっている。

　岩間は社内からの激しい反対論にさらされ続けていた。井深も慎重な態度であったし、研究開発のスタッフ部門はプロジェクト中止を叫んでいた。

　社内にプロジェクト反対の声が広まっていた、岩間はどうやってこの困難を突破することができるかを考え続けていたのであろう。

　毎週火曜日、役員の昼食会が行われていたが、ある日、盛田が岩間に向かって「で、ＣＣＤはどんな具合になってる、今もジャンジャン金食ってるの？」と言ってからかったという。岩間は笑みを浮かべてその通りだと言った。

　「投資はいつ頃回収できそうかね」と盛田が続けて尋ねると、「私が死んだ後じゃないかな」と答えたという。苦しい時であった。１９７７年夏から秋のことだった。

　菊池は筆者を呼んで「岩間さんがね、ＣＣＤはやめてもいいよ、と言っている。川名君どう思う」と言った。岩間は日立、日電との共同研究も実現せず、開発プロジェクトのプロセス部隊に対しても信頼がおけなくなって、どう対応すべきか迷っていたのかもしれない。

　筆者は「ここまで進んできたんです。今やめることはないじゃないですか。もう少しやったらもっと良くなると思いますよ」とただ

ちに答えた。「うん、そうだね」と言って菊池は筆者に同意した。岩間からはその後何も言ってこなかった。岩間の苦難の時であったであろう。

6、待望の画像と新聞発表、厚木工場への展開

　　１９７７年秋になった、ＣＣＤによる画像は少しずつ良くなっていった。画素数は３チップカラーカメラを作るのに、最低限の１２万に達していた。

　越智らの発明による「空間画素ずらし」という３チップの画素を重ね合わせる時に、３分の１間隔だけずらして解像度を上げる方法で、なんとか解像度を上げる見込みができていた頃であった。

　プロセス担当側の負担を減らすために、カメラ側が必死で考えた方式であった。岩間は画像を見て「抜けが悪いな」と言った。画素が増えた分だけ転送効率の不十分さが絵に表れて解像度を落としていた。感度も良くなかった。

　透明電極の加工が他の金属との関係でうまくできなかったために他の代替技術を使っていたこともその理由である。転送効率は酸化膜界面の良さに関わっている、ウェファ洗浄や酸化膜形成時の清浄さが決め手である。少しずつそれらが進歩していた。

　越智グループでは３チップ方式と２チップ方式の両方を進めていたが、岩間は「まず３チップ方式でしっかりした絵を出してみろ。商品化はそれから先のことだ」と指示した。

　そしてその年も終わる頃、画像欠陥も少なく転送効率も良いデバイスができたのである。

　筆者は岩間の部屋に、その画像を持って報告に行った。岩間は「ようやく出たな」と一言言って写真を筆者に返した、嬉しかったであろうが、他に言葉はなかった。「ずいぶん掛かったな」という思いがこもっていたかもしれない。

　岩間はすぐ次の作戦を考えていたと思われる。でも、まだそれを言う時期ではなかったであろう。

　ソニー社長の正月は忙しい。１９７８年の明るい年が明けた。岩間はこの月は中央研究所に出かける余裕がなかった。２月の初めに中研を訪れて見た３チップカラーカメラの画像は、今まで見たどれよりも素晴らしい出来栄えだった。

　ただ３チップの一つに縦方向への転送に若干の欠陥があったが、なんとか許せる範囲であった。

　完全なチップを作るのは当時極めて困難であった。カメラそのものはバラック組み立てのようではあったが、岩間は決断した。「新聞発表をやれ」と指示した。これまでの苦難の道に明かりが見えた時であった。

　こうして翌月３月９日、ソニー会館で各新聞社、雑誌社を招いて新聞社、専門誌、専門雑誌社３回に分けて、プレス発表が行われた。岩間の挨拶、菊池の技術紹介、カメラの紹介が行われ、記者達からの多くの質問が続いた。

　発表は大成功であった。その翌日の新聞各社は大見出しでこれを報じた。電波新聞は「ソニーＣＣＤカメラを開発、１チップ１１万素子、カラーカメラ来年中に商品化、火ぶた切る日米開発競争」と記した。

これは二重のインパクトがあった。社外と社内に対してである。日本の半導体各社はソニーに出し抜かれたのではないかという衝撃を感じていた。

再びＣＣＤカメラあるいはＭＯＳ型カメラに注力しなければならない、という衝動を感じたであろう。

一方、社内に対してもこの衝撃波の反射によって、ＣＣＤ批判の力を大幅に鎮静化させることに役立った。岩間はこれまでの経緯を振り返りながら、次の作戦開始のタイミングを計っていたであろう。

プロジェクトの次のイベントは、このＣＣＤカメラ開発内容をこの４月末、電気通信学会の半導体トランジスタ研究会で発表することであった。その前評判から発表当日は、満員の盛況で椅子に座れない人も多く出る有り様であった。

業界はＭＯＳメモリ開発の力を少し削っても、ＣＣＤあるいはＭＯＳ型カメラの開発に大きく力を入れることになった。ＭＯＳ技術にはるかに経験の少ないソニーと大手半導体会社の競争の様相を呈するようになるのである。

岩間は５月の連休が明けると中研を訪れて菊池と会い、「ＣＣＤの開発を厚木に移そう。これ以上ＣＣＤをここに置いてはだめになってしまう」と話した。菊池には衝撃だったようである。でも「それは今後の発展のためには当然のことである。

岩間は筆者に対しては「ＣＣＤ試作ラインを厚木に作れ。プロセス、試作担当者はその完成と共に厚木に移れ。そのパイロットラインの設定と運用のために新たに、ラインマネージャーと担当者をＣＣＤプロジェクトに参加させる。厚木の半導体事業本部長の中村と

連絡を取って準備を進めよ」というものであった。

　岩間は中村にも同様の指示を発し、川名と連絡を取って協力するようにと言った。厚木の交渉相手を中村は星に指名し、またＣＣＤプロジェクトに参加するメンバーとしては、筆者の要望によって加藤（俊夫）他２名のメンバーを決めた。

　こうしてパイロットラインの設計は急速に進み、建設に着手した。優れたクリーン度を達成できるクリーンルームとベイ方式、また３インチウェファ採用。すべての必要装置を１カ所に集め、測定やパッケージングの部屋なども加えて建設を始めた。

　すべての準備がその年の９月から１０月に完了し、１１月にはＣＣＤプロセス担当者は全員、厚木工場に異動した。

　さらに１２月、岩間は中研のＣＣＤ設計、カメラ開発担当の越智グループを厚木工場に異動することを命じた。そして１９７９年１月には、移転の工事と共に越智グループも厚木工場に移り、新たな段階が始まった。

　今まで越智グループとプロセスグループは、中研の中で協力し合って成果を上げてきたが、同様な協力関係が必要であるとする観点からの岩間の配慮であったと思われる。

　岩間はさらに品川の生産技術部の秋山に命じて、厚木のＣＣＤ試作ラインを生産技術の面からサポートせよ。この件については川名と相談せよ、と命じた。岩間の過去の経験からの配慮であった。すべてが新しい展開であった。

　思うに岩間は、トランジスタラジオ用ゲルマニウムトランジスタを最初に開発した時の記憶から、生産設備の構築を含む生産技術部

の役割の大きさを思い出していたのであろう。きっと別の観点からの貢献があるだろうと。

　実際には彼らは様々なジグや装置の開発に力を発揮してCCDの生産化に貢献したが、問題の本質はやはり、いわゆるcontaminationをどう減らすかが問題であった。

　ゴム製のベルトコンベヤを含む装置を使っていたが、そのベルトからの汚染が重要だったこともあった。

7．世界初のCCDカラーカメラの商品化とその後の進展

　１９７９年春にはCCD試作ラインは順調な立ち上がりを見せ、試作品ができるようになっていた。その頃、同じ厚木工場内にある放送用機器を担当する情報機器事業本部（森園本部長、当時常務）に全日空から打診があった。

　それは全日空のボーイング７４７の乗客サービスとして、その離着陸時および飛行中の地上の景色をカラーカメラで撮影して、乗客に放映できないかというものであった。

　この部門は機内ビデオおよびその放映システムの営業を進めていて、全日空とは付き合いがあったのであった。

　森園は早速、川名と連絡を取り、また社内の関連部門とも連絡し合って積極的に推進を図った。この年６月頃のことである。

　ボーイング７４７のコックピットは小さい。大きなカメラを置くスペースはない。小さなカメラヘッドが必要であり、CCDカラーカメラがそれを実現するための条件と考えられた。

　またコックピットの他に車輪にももう１台付けて、離着陸時の迫

力ある映像を見せたいという要望もあり、大きさ以外に振動、温度。また太陽光が直接レンズに入り込むなどの条件を考えると、ＣＣＤ以外にその解はなかった。画質を良くし、なおかつ徹底して小型化を実現するために、越智はこれは２チップ方式でやればよいと考えた。

　岩間はこの話を聞いて喜んだ。これはいいチャンスだ。ぜひ進めようと積極的に了解した。今のＣＣＤの実力では、コンシューマー用に大量生産する条件はまだ整っていない。しかし、全日空の場合は少量の要求である。さらにたくさんのお客が見ることになれば、これはまたとない宣伝の機会となるのではないか。さらにＣＣＤカメラでなくては実現できない応用である。筆者に対して「これは大事な仕事だからな」とだけ話した。

　越智らは２チップカラーカメラの設計も初めてであったし、まして航空機用に大きさ、信頼性、電波の不要輻射に対する要求を満たすように真剣に対応を進めた。

　その秋に完成したプロトタイプはユニークなものであった。全日空はＣＣＤカラーカメラを載せて試験飛行を行い、その画像を録画して、社内の関係者およびソニーの関係者に見せて結果を検討した。

　当時のカメラはまだ感度が十分でなく、夜景は良く撮れなかった。それでもその１２月、全日空はこれを採用することを決定した。

　ソニーは全日空の了解を得て翌１９８０年１月２５日、この件に関してプレス発表を行った。ソニーは世界最初のＣＣＤカラーカメラの商品化と今後１チップのコンシューマーカラーカメラへの展開を宣言した。

　発表会場は品川のパシフィックホテルで、発表者は岩間、森園で
あった。これは１９７８年の発表が空振りでなかったことを記者に
印象付け、同時にやはりソニーが固体カメラで先頭を走ることを宣
言したようなものであった。

　岩間は１９７９年１１月には木原第２開発部長に対し、彼の当初
からの目標であった小形のカメラ一体型ＶＣＲの開発を指示してい
る。そして１９８１年、国分工場にＣＣＤ量産に備えて詳細を検討
するようにという指示が、中村半導体事業本部長に出されている。
そして１９８２年初め、ＣＣＤ専用の量産ラインを含む建物が国分
工場に完成し、世の中に衝撃を与えることになった。

岩間の墓石につけられた CCD

　１９８２年５月にはＣＣＤ生産ラインが完成し、本格的な稼働が始まった。しかし、その立ち上がりは容易ではなかった。ウェファサイズは４インチになっていた。

　新しい設備、新しい作業者、長い工程、極端な清浄度の要求などの困難が目白押しであった、担当者は必死で改善に務めたが、本当の意味で量産ができるようになるまでには、さらに１年余の年月が必要であった。

　ある時、岩間は中村に「ＣＣＤはもうやめてもいいよ」と言ったということである。１９８１年の頃と思われる。１９８２年８月には岩間はこの世を去っている。苦しい日々が続いたことの証である。

　岩間が亡くなってソニー中が衝撃を受けた。ＣＣＤ関係者も同様であった。それでも彼らはその遺志を継いで、このビジネス化に向けて一層努力しなければと心に誓った。

　しかし、ソニーの中にはＣＣＤ批判者がまだ生きていた。この際、ＣＣＤ関係エンジニアを、力が劣っていたＭＯＳ部門に大量に移そうとする意見もあった。ＣＣＤはビジネスとして大した量にはならない。それより当時もてはやされていたＤＲＡＭの開発にその力を移すべきだ、とする主張である。

　さらに、全日空向けのカメラのように当時１２万画素のＣＣＤを複数個使ってビデオカメラを作っていたが、やはり少なくとも２５万個の画素数のＣＣＤでなければ１チップＣＣＤカメラは商用として成り立たない。その開発を止めさせようとする動きもあった。

　しかし幸いにして、盛田会長などの見えざる支援とＣＣＤエンジニア達の熱意が、ＣＣＤ批判者の意志を封殺したと著者は考えてい

る。

開発は何事もなかったかのように進んだ。

　こうして、1983年10月には1チップＣＣＤビデオカメラを発売し、1985年には最初の8ミリ・カムコーダーＣＣＤ Ｖ8を発売した。

　本当の商品化ができるまでには想像を絶する月日が必要であった。しかし、そのおかげでソニーはベータマックス敗退の後を受けて8ミリビデオの時代を勝ち抜くことができた。同時に放送用機器の分野でもトップを走り続けることができた。この開発量産化に至る物語はまだまだ続く。

　しかし、岩間が亡くなってからの開発量産化の物語の詳細は別に譲り、ソニー初期のＣＣＤ開発の話をここで閉じることにする。

8．ソニーＣＣＤ開発成功の理由

　ソニーでＣＣＤ開発が成功し、量産に移行してビデオカメラ、カメラ一体型ＶＣＲの分野で世界のトップに立ち、その後も撮像素子の生産と応用で世界をリードするようになった原因は何だろうか。それは岩間のＣＣＤに賭けた執念を第一にあげなければならない。この物語で見てきたように、岩間の指導力なしにはこの困難な開発・量産化の仕事は達成できなかったことは明らかである。

　1982年8月、癌によってこの世を去るにあたっては多くの人が彼の死を悼み、その大きな業績に感謝した。

　途中で多くの挫折に見舞われながらも、彼の志は彼の死後も関係者に引き継がれ、その後の多くの困難を乗り越える原動力になった。

彼の死後、一時ＣＣＤ開発にブレーキを掛けようとした動きもあったが、彼の遺志がこれを許さなかったと言えるだろう。

　ＭＯＳをなんとかしたいと願った岩間の遺志も実現された。しかし、ソニーのＭＯＳＬＳＩの生産は時代と共に終息を迎えた。

　ソニーＣＣＤ開発成功の理由は、加えて言えば、ソニーはコンシューマー用途を徹底して追求したことが挙げられるだろう。

　アメリカではフェアチャイルド社が、早くも１９７２年イメージセンサの実用試作機を製造している。ベル研究所から移ったＧ．Ａｍｅｌｉｏが担当であった。これは翌年には軍用に応用されている。航空機に搭載し、または砲弾に搭載して敵情を偵察したりするものであった。

　一方、ＲＣＡは傘下にＮＢＣというテレビ局があるので「テレビカメラを目指して開発を始めたが、欠陥の制御が難しく、家電製品への応用に着手することができなかった。彼らも軍用に細々と応用していた。軍用であれば多少の欠陥は許容される、そこが日本との違いであった。

　ソニーは苦しみながらも欠陥ゼロを目指した。欠陥補正技術も一時使ったが、とにかく欠陥をなくすこと、画像の性能を上げることに全力を挙げた。そうしなければ商品にはならないからである。それが成功の源泉であった。

　また１９７０年代の半導体技術は、すべてのプロセス技術で現在と比べてはるかに劣るものであった。

　それから現在に至るまでの半導体技術の進歩、シリコン結晶技術、

その他の材料技術の進歩を、ＣＣＤおよびＣＭＯＳセンサ技術に適切に対応していった歴史が、これらの開発の成功をもたらすのに重要であった。

　フォトリソグラフィしかりであり、成膜、プラズマエッチ、裏面研削などすべての技術の進歩が固体撮像素子の発展を支えている。

　同時にそれらをいち早く適切に採用したのは開発者の経験によるであろう。苦難を経験したものは、誰より早く新技術を採用できたのではないかと思われる。それらの進歩がこの長足の開発を支えた。

　ソニーのこの開発で注目すべき点は、デバイスの開発と応用開発のエンジニアリングが常に強い協力関係にあったことである。このためにもっとも適切なデバイス設計が可能であった。越智らの功績は極めて大きかった。

　このことは今後の国際的な競争の中でも、その重要性は失われないであろうと思われる。

　ソニー中央研究所で最初の開発を始めた時から、また厚木にプロジェクトが移ってからもその関係は保ち続けられた。岩間の遺志がそこにあったかもしれないが、その伝統が成功の要因であったことは記録に値すると思われる。

　ＣＣＤの量産が始まって、次々と新商品が開発されていった背景には、このデバイスと周辺回路、応用開発の一体化の伝統が生かされている。垂直統合型の強みである。当然、水平分業型との競争は熾烈であると思われる。

9．岩間の戦いを振り返る

　まずＣＣＤプロジェクトを１９７３年１１月に設定したのは英断であったとされているが、実際は苦闘の連続であった。

　一つはソニー中央研究所のクリーン施設の不十分さである。当時でも半導体の最先端を行くようなデバイスの開発がそこでやれるような容易なものではなかったのである。岩間の決断はその点で無理があった。

　本来、厚木の半導体開発部門で開発を進めるべきであった。それができなかったのは、厚木半導体と中央研究所との歴史的な不仲が一因であったと考えられる。

　もし両者が協力しあって開発を進めることができたならば、もっと早く開発が進んだであろう。岩間はそこまで考えていなかったかもしれないが、その困難を避けて、別の困難な道を進まざるを得なかったと考えられる。

　担当になった自分は当然それをはじめに考えた。中研内プロセス担当と設計評価部門との一体性を確保するためには、厚木と中研との二つにまたがっていては協力関係が確保できない。場所的にも一体にならなければならないと考えた。別々では社内の批判に耐えられなかったであろう。

　次の岩間の困難は、１９７７年頃から激しくなったソニー内のＣＣＤプロジェクト反対の声であった。井深も批判者になった。岩間はそれでもＣＣＤがモノになるのは俺が死んでからになる、とか２１世紀になるとか言ってその批判に耐えていたが、ついに先に述べたような「もうＣＣＤはやめてもいいよ」という発言になったと

思われる。

　岩間は疲れていたであろう。それでも関係者はみな疲れを知らずに頑張った。岩間は１９８２年、国分のＣＣＤ工場を見ることもなく、またＣＣＤの大量販売成功の知らせを聞くまでもなくこの世を去った。

　岩間の戦いは担当者が受け継いで、この長い開発の戦いを戦い抜き、ソニーのＣＣＤとソニーそのものを救った。

　あたかも岩間の半導体に対する執念を反映するかのように。

❼ ソニーにおける初期のＣＣＤ開発史（川名論文 5）

安藤解説　　加藤コメント

　ソニーのCCD開発を語るには、越智成之氏と私の出会いから始めなければならない。私は論文7にあるように１９６３年に本社にあった半導体開発課に入社した。私は２年目からMOSトランジスタを作り始めていた。会社の中は、名前だけでは何をやっているのかわからないほど開発テーマにあふれていた。その中で卓上型計算機をやっているグループがあり、そこに大学の先輩である越智さんがいた。あるとき越智さんが文献をもって私のところに来て、MOSならばこんなディジタル回路ができると言ってきた。

　私は興味を持ち、フリップ・フロップ回路やシフトレジスター回路を作った。バイポーラトランジスタで作るより、簡単な工程で小さい面積でつくれる。IC（集積回路）には理想的なのである。当時の岩田三郎課長は非常にユニークな方で、将来はディジタルの時代になると言って、越智さんを講師にして「ディジタル論理設計」の勉強会をやったのである。

　越智さんとの意気投合はこの時に始まったのである。越智さんの熱心さは普通ではない。私が病気で１か月ほど入院したとき、見舞に来た越智さんは、ベッドの横でソニー手帳を片手に「装置の動かし方を教えてくれ」と言ったのである。

　このころ川名さんはプレナートランジスタの立ち上げに厚木へ移った。

　越智さんはその後、厚木でやっていたモジュールを使った電卓の生産へ移った。電卓生産が終了となると中央研究所へ移った。私は厚木に移って、MOSIC が作れるラインを一人で立ち上げた。中央研究所は横浜の保土ヶ谷にある。越智さんは厚木の小さな一室に中研分室を作り、ＭＯＳＩＣの設計を始めた。この時いたのは山崎博司氏であった。彼は一人で１チップで電卓ができる MOSIC を設計した。

　この時の私の上司は、トランジスタ製造ラインにいた木内堅氏だったが、技術のことがまったくわからず私に任せきりだった。越智さんと私は１チップ電卓用ＩＣを作るところまでやった。その後の経過は、川名論文７のとおりである。

　電卓が中止になった後、私は組織上は川名課長のもとであったが、あまり詳しい仕事内容を報告していなかった。私は文献探しに懸命で CCD の発想の基となった電荷転送動作をするＢＢＤ（Bucket Brigade Device）などを作っていた。

　そしてベル研究所の論文集 BSTJ で見つけたＣＣＤも勝手に作っていた。中研所長が菊地誠氏になり、ＣＣＤプロジェクトが現実のものとなって、川名さんは私がＣＣＤを作っていることを知った。私は CCD でイメージセンサーを作るには転送効率の問題が解決しなければならないことがわかっていた。それには埋め込みチャネル型にしなければならないが、それには当時厚木に初めて導入されたイオン注入装置が必要であった。そこで１００ビットの埋め込みチャネルＣＣＤを作っていたのである。これを作ったのは、計算機から移動してきた松本博行君である。これで転送効率の問題が解決

し、私はイメージセンサーができると確信した。

　ここでプロジェクトが決まり、越智さんが応用三研の人ときて私に言ったことを話す。越智さんは私に「岩間さんがね、ＣＣＤは厚木でやらなければだめだと安藤が言っている」と言ったのである。それも応用三研の人には聞こえないところで。私は越智さんの胸の内を悟り、それ以上は話さなかった。思いあたることがある。

　半年ほど前のこと、アメリカから戻った岩間社長は休日に社内の若手技術者を集めて懇談会をやっていた。川名さんのもとで、私は選ばれて参加した。その席で私は「ＣＣＤは厚木でやらなければだめだ」と発言した。中研でCCDが始まっていた時であった。

　当時、菊地所長はもちろんのこと、川名さんも越智さんと私が何をやってきたかをあまり知らなかったのである。

　展望は開けたが、障害が何かを知っているのは私だけだった。それからどうなったかは川名さんの論文のとおりである。数日後、トップ会談で我々が中研に設備をすべて運びこむことになった。一緒に来てくれたのは三人。松本博行君、阿部元昭君、白倉悟君である。

　中研に残っていたメンバーは狩野、岡田、小谷田、藤井、舘脇の５人であった。川名さんの記述にあるように、すべての困難の原因は環境であった。川名さんが厚木へ帰る車で、私がウエファを運び厚木でイオン注入の処理をして、厚木在住のメンバーが翌日持ってくる。

　越智グループとの協力がうまくいったと川名さんはおっしゃっているが、難しいことをやっていたわけではない、越智さんと私の頭の中が通じていただけである。

　テレビジョンシステムを理解していたのは私だけだった。私と越智さんは性格が大きく違う。越智さんは頭の切れる参謀タイプ、私は現場で敵を探す将校タイプである。越智さんは建築現場で使うPERT図を書いた。これを一切見なかったのは私だけだった。あるとき経営者の前で発表する審議会で越智さんはPERT図を持ち出した。すぐに井深さんが発言し、「できるかできないかわからないのに日付入りの計画書などを作るな。できることをまずやって時間を短縮せよ」と言った。越智さんは直ぐにOHPをひっこめた。

　成果は映像となって出る。経営者に提供できるのはそれだけである。創業者たちが出席する会議でCCDカメラを報告する時に、川名さんと私は末席に控えていた。岩間副社長が井深会長に対して言った言葉「この技術が実用化されるまでご壮健でいてください」を私は今も忘れない。経営者にとっては賭けなのである。技術者はいくらでも理屈をいうことはできる。しかし想定外の予想はできない。

　そして待望の厚木に専用ラインの建設が始まった。越智グループも厚木に来ることになった。私は越智さんにあの妨害者のことを話した。あとで聞いたのだが相当ひどいことを言われたらしい。さすが越智さんである。平然と乗り切った。川名さんの弟子、当時半導体プロセス技術の第一人者だった加藤俊夫氏が開発ライン建設に、思う存分腕を振るい、2チップカメラを商品化した。

　ここで越智さんの人柄について話す。私はゴルフ、麻雀、酒が好きでよく遊ぶ。越智さんは逆でまったくしない。そのころやっと普及してきたパソコンを家にもっていて仕事のデータを入れていたら

しい。私のことがどんなデータになっていたか知りたいものだ。ちなみに川名さんもまったく同じタイプである。しかし私は窮屈な想いをしたことはない。

そして鹿児島にある国分工場内に、初めて前工程のラインが建設されることになった。4号棟は3回建てで、1階と3階にCCDの前工程と後行程で使う。2階はMOSLSIの前工程とする。CCDの前工程はもちろん加藤さんがとり仕切った。CCDは非常に特殊なデバイスである。既成の測定機はなく、後工程は特殊である。画素に合わせて色フィルターを貼り合わせる（後にチップ上に形成うる方法が開発された）。そして透明ガラスのあるパッケージに封入する。開発と製造が同時進行するものであった。

ここで一つ忘れてならないことがある。3階の一隅で、レーザーダイオードの後工程ををやっていた。これはCD,DVD,BDのためのキーデバイスとなったものである。これをやっていたのが、中央研究所出身の三田さんであった。彼もまたこの技術の実用化のために独りで頑張っていたのである。

このころ地方の工場は厚木本部から出向した管理者と技術者で運営していた。1981年、私は工場を下見に行くことにした。越智さんは「私も行く」と言った。全日空の鹿児島便にはすでにCCDカメラが付いていた。満席の乗客の中で感慨の思いでプロジェクター画面を見つめていたのは二人だけだった。

工場へ出向するメンバーを加藤さんが選んだ。この頃初めて大学卒が入社してきたが、もちろん即戦力にはならない。ほとんどやる気をなくして他へ移動していった。中で鈴木智之君は特別だった。

　私のところで測定をやっていたが、私は彼に教えたことはない。自分でやるべきことをつかんでいく男だった。

　加藤さんは彼を出向メンバーに選んだ。大学院卒で一年もたたないうちに地方工場に出向することを受け入れたのだ。７人が選ばれ出向した。このときから約１０年、私は会社生活でもっとも働いた時を過ごした。工場では始まって以来初めて大学卒の技術者を５人採用し、５人全員 CCD 製造部に配属してくれた。機械設備と人も立ち上げなければならなかったのである。

　１９８２年岩間社長が亡くなった。私はこの時も国分工場にいた。周りからみれば後ろ盾をなくしたように見えただろう。しかし自分にとってそんな意識はまったくなかった。結果を出さずにあきらめることはできない。ただそれだけだったかもしれない。

　そして１９８４年にカムコーダー「CCD　V8」が発売された。運命の皮肉というのであろうか、このとき岩間社長はいなかった。川名さんの記述を感慨を込めて読めるのは越智さんと私であると信じている。

　川名さんはこの論文を２０１５年に手掛けている。実は１年ほど前にこの半分ほどの CCD 開発史を書かれていて、それを私に贈ってくださった。私は自分のやってきたことを書いた「自分史」を送った。それをご覧になって大幅に加筆修正したものがこれである。細かく言えば間違えもあるが、ＣＣＤを私がライフワークとしてできたのは、川名さんのマネジメントのおかげである。

加藤さんのコメント

　中央研究所で CCD の開発が行われていた頃、私は厚木工場でトランジスタや IC の生産を担当していました。CCD は、原理試作なら研究所でできますが、完全な無欠陥品を作成するのは難しいことで、多くの予算を使っても岩間社長の満足するものはできませんでした。

　そこで、生産の経験のある私がプロセスの責任者として指名されました。私はトリニコンという撮像管の生産を担当したことがありましたので、イメージセンサーに詳しいと思われたのでしょう。約半年、研究所で CCD の技術を取得し問題点も確認した上で、厚木工場に専用の試作ラインを建設することになりました。完全ダウンフローではありませんが、それに近いクリーンルームで、装置につなぐ真空ポンプなどのダストの原因となるものは、壁の外に置くことにし、作業者が宇宙服のようなクリーンスーツを着用し、女性はお化粧を禁止しました。その結果、合格品が取れるようになり、最初の出荷は全日空のジャンボジェット 1 機に 2 個積むもので、CCD の出荷は 1 月に２０個でした。

　しかし生産力はまだ 1000 に 3 つの合格でしたが、時には 10000 の 3 つだったりして出荷の確約ができず苦労しました。歩留まりが 0.3％ですと言うと、歩留まりなどと言うな、出現率だ言われる始末でした。

　その後、歩留まりが向上したのは色々な対策のお陰ですが、欠陥検査機を作ったのも効果的だったと思っています。ベテラン女性 2 人が、完成チップを顕微鏡で見て欠陥箇所を指摘してくれていたの

ですが、メカ技術者とソフト技術者を私の３名で欠陥検査機を作成したところ、ベテランが見逃していた欠陥がたくさんあることがわかり、対策を取ることができました。

　ある程度の歩留まりが安定した時、国分工場に本格的な CCD 生産ラインを建設することになりました。当時の価格で４０数億円の投資です。ソニーの経営会議で、上司の中村さんと私が説明したところ、盛田社長は静かに聞いておられ、説明が終わると「宣伝と思って投資する」と発言されました。さすがの社長ともなると、そんな発想をされるのかとおもしろく感じました。事実、数年後パスポートサイズのビデオカメラを CCD の名前で発売し、世間の大きな話題となり、ソニーの業績の大きな寄与となりました。

　出現率と言われた頃は大変苦しい毎日でしたが、その後も後輩達の努力で世界最高のイメージセンサービジネスを確立してくれたのは、非常に嬉しく誇りに思っています。スマホ用だけでなく、自動車用、医療用、その他一般家庭用や産業用として、益々発展すると信じています。

謝辞
　私とともに CCD の開発、生産をやってきた方々で、文中に名前のなかった方の名を挙げさせていただき、感謝の意を表したい。

（故）斎藤、小笠原、鵜月、本間、佐々木、露木、関、板坂、山田直木、島田、松村、鈴木裕巳、神戸、（故）浜崎、粂澤、松井、中田、西村、安井、磯野、盛岡、神先、堀田　（敬称略）その他

❽ ソニー初期の躍進と経営陣の苦闘（川名論文 6）

1．はじめに

　ソニーの創始者である井深大は、戦争中当時の陸海軍との兵器開発のための戦時研究会で、海軍技術中尉であり終生無二のいわば戦友であった盛田昭夫と出会い、それがソニーを世界企業に成長させる契機になったことは良く知られている。

　昭和 21 年、岩間和男は盛田の妹菊子と結婚してただちに井深、盛田の創立した直後の東京通信工業に入社した。その後、会社は社名をソニーに変えて、世界的大企業に成長した。この理由はエレクトロニクスが真空管から半導体に変わったことに重要な要因がある。この会社は日本の、あるいは世界の先頭を切ってその半導体エレクトロニクスを開拓した。岩間はこの半導体を担当する中で、井深、盛田と共に会社を経営してゆく。その後会社が大きくなるにつれ、様々な困難が発生し、同時に世の中の技術の進展と共に、経営方針に対しても様々な困難を経験することになった。

　それらを乗り越えて、あるいは乗り越えられなくても会社は前進を続けた。その間の経営者間を巡る苦難は大変なものがあったと推察している。岩間は会社で半導体と共に先端的な技術の追求を求めたが、それは苦難の道であった。その中で私が経験した事実を元に、彼ら経営陣の苦難の経緯を記す。

2．プロローグ─ソニー世界企業への発展の基礎

　井深は 1952 年、昭和 27 年初めてアメリカを訪問した。目的は

苦労を続けて開発生産と営業を行ってきたテープレコーダが商売としては成功し、安定したビジネス基盤ができたために、アメリカでのテープレコーダの応用の実情を見て、今後の会社の発展に反映させていきたいと思ったためであった。

　それまでテープレコーダの販売先開拓にあたっては、様々な苦労を重ねてきた。学校教育に応用しようとしたのは優れた感覚であった。アメリカではまだそのような応用は行われていなかった。井深たちの方がもっと進んだ用途開発を行っていたことを知るのであった。その時、たまたまベル研究所がトランジスタのライセンスを供与するためのセミナーを開いたのであった。

　井深はその情報を聞いて、眠れぬニューヨークのホテルの一室で色々考えをめぐらし、これをやってみたいと考えた。井深はトランジスタがどんなものかはほとんど知らなかったが、小さくて真空管と同等の働きをし、電力をわずかしか消費しない上に、真空管と違ってヒータがないので壊れない、という程度の知識であった。

　これをやってみたいと考えたのはこの技術が大発展し、会社発展の起爆剤になると考えたのでは、まったくなかった。事実はそうなったのであるが。彼はそれまでテープレコーダを開発生産するために、大学卒のエンジニアをかなり採用していたが、テープレコーダの生産技術開発が一段落してきたのに伴い、彼らにやりがいのある新しい仕事を与えてやることが、彼の主要な関心事であった。

　それは東京通信工業設立趣意書に書いてある技術者に、やりがいのある職場を与える事が、この会社の使命であるとする彼の精神と同じであった。

井深　大（1992 年 4 月）（毎日新聞社提供）

　もう一つ隠れた動機があったかもしれない。それはラジオをトラ
ンジスタによって作ることである。事実トランジスタ製造のライセ
ンスを受ける目的は、ラジオを作ることとしたからである。
　井深は戦争中長野県須坂に、工場疎開をしていた。日本測定器と
いう会社の常務であった。戦争が終わったら東京に出ようと固く決
心していたが、その中でラジオはやらないと決めていた。ラジオは、
当時の日本ではもっとも需要の高い商品であったが、それは競争の
激しい分野であった。
　井深は小さな自分の会社で優れたラジオを作っても、大会社との

競争では勝てないことを知っていた。前出の東京通信工業設立趣意書には人のやらないものをやる、としていて、その精神が表れている。しかし、トランジスタというものがラジオに使えるならば話は別である。

　真空管ラジオでは勝てなくとも、トランジスタラジオなら勝てるのではないか、しかも市場は巨大であろう、という目算もあったと思われる。当時、トランジスタはラジオに使えるほど周波数特性は良くなかった。ベル研究所ではラジオはやらないようにと忠告したが、井深はそんなことは気にしなかった。ラジオに使えるトランジスタを作る、という一点で前に進むことにしたのであった。

　彼のオプティミズム、あるいはテープレコーダ開発の過程で培ってきた自信でもあろうか。「なに、うちの技術者たちはなんとかするだろう」という気持ちであったろう。

　途中の話は省略して結論を言えば、これは大成功であった。1955年、東京通信工業はTR55という1955年を冠したラジオを世界で2番目に発売し、1957年にはTR63という名のポケッタブルラジオを発売して世界中に輸出した。この勢いはとどまるところを知らなかった。これがソニー大躍進の基礎となった。

　偶然とも言える井深とトランジスタの出会いは、世界企業ソニーを生みだす原点とも言える出来事であった。なぜなら、その後のエレクトロニクスは真空管ではなく半導体エレクトロニクスに生まれ変わったからであり、一般消費者用電子機械、テレビ、オーディオ、ビデオなど、あるいは産業用電子機器も含めてすべてがトランジスタ、あるいは半導体によって新しく生まれ出たからであり、ソニー

はその先頭を切ることに喜びを感じて突き進んできたからである。

　井深はそこに自分の夢を託し、世の中に存在しなかった新製品を次々と世に送り出していった。

3. ラジオ用トランジスタの開発

　すでに良く知られているところではあるが、ラジオの中間周波発振用のトランジスタの歩留まりが極めて低く、ラジオは売れてもトランジスタの生産は苦難が続いた。ベル研究所がトランジスタでラジオは作らないように、と忠告したのは間違いではなかった。

　世界で最初にトランジスタ・ラジオを生産したリージェンシー社は、テキサス・インスツルメント社（TI）の子会社でTIのトランジスタを使ってラジオを作った。

　製法はベル研究所からのもので、東通工と同じである。結晶成長中にエミッタになるべき部分にアンチモンを投入して作っていた。したがって東通工のトランジスタのラジオ用高周波トランジスタの歩留まりは、TI社と同じであったろう。TI社は歩留まり改善の見通しが立たず、というか、大きな改善を実行せずに、これでは採算が合わないとして、ラジオ事業から撤退した。1955年から1956年にかけてのことと思われる。

　岩間（元社長）は当時半導体部長だったが、この改善を塚本（ゲルマニューム結晶製造担当）に指示した。塚本は考え抜いた末、それまでエミッタ用に結晶中に投入していたアンチモンに変えて、リンを使う試みを行った。それは当時東京通信工業半導体部の多くの技術者の悩みに対する回答となるものであった。

　リンを溶融ゲルマニューム（約1000℃）の中に投入するのは容易なことではない。ゲルマニューム溶湯にリンを投下しても、途中で揮発してゲルマニュームには届かない。錫箔に包んで投下していたが、それでは投入量が制御できない。それで、技術者の天谷は錫とリンの合金を作ってこれを用いることにしたのだが、これは有効であった。

　途中、大きな困難にぶつかり、トランジスタは作れども、作れども完成品ができなかった。ラジオの生産ラインは在庫のトランジスタを食いつぶし、また高周波トランジスタの搭載部分を残して他の部分を作っておくという手だても限界に達し、ラインは停止しそうであった。

　井深は塚本を呼び、「お前は会社をつぶすつもりか」と詰め寄ったという。それでも大いなる可能性は示されていたのである。それは素晴らしく良い特性のトランジスタが時にできていたからである。

　一方、元の生産法に戻そうという議論が起こり、一部生産を元に戻したようだが、岩間は「俺は元には戻らない。一切の責任は俺が取るから、今までの方針で開発を続けて欲しい」と塚本に指示したという。岩間は確信していたであろう。キチンとした条件を見出せば、必ず生産ができるようになると。

　このリンの濃度を適正に制御することが、歩留まり良く生産する鍵であった。岩間は塚本と江崎を呼んで、高濃度接合の濃度限界を急いで決めるように、江崎にも特に協力を求めた。1957年春、江崎はこのトランジスタのエミッターベース接合を研究している時に

トンネル現象を発見した。濃度が高すぎるとトンネル電流が流れて、トランジスタ作用が起こらないのであった。

すなわち適正な濃度のリンの投入によって優れたトランジスタができることがわかったのである。高周波特性が優れていることのみならず、きわめて高い歩留まりが実現できたのである。その理由は省略するが、大発見であった。

しかし、まだリンの定量化には問題があった。合金中のリン濃度が正確に制御できないためであった。塚本達は、InP という化合物を考え付いた。これは現在化合物半導体として広く使われている材料である。この特徴は In と P が 1 対 1 で結合しているために、正確な評量によって正確な P 濃度を実現することができた。これによって生産は順調になり、ラジオの生産も加速することになった。同時にトランジスタも値段が安くなり、採算も取れるようになった。なお、In は偏析という現象によって、トランジスタ部分には存在しないようにできたのである。

井深が「なに、うちの連中ならきっとやるだろう」と言っていたことが事実となった。翻って TI でも本家のベル研究所でも、この様な開発はできなかった。ベル研究所では、ゲルマニューム中のリンの拡散係数はアンチモンと同じになっていた。塚本はそれを知っていたが、敢えて実験してみて、実際は大きく違っていることを発見したのであった。あえて実験してみようと考えたのは、それ以外に改善策が思いつかなかったからでもある。

ソニーは特許の出願をしなかったし、一切秘密にした。そのため他社の追随を許さなかった。他社はやがて拡散合金型という技術

（RCA）で対抗してきた。

　岩間は一人責任を負ってこの仕事を進めた。そしてやり遂げた塚本を評価した。

4．Planar Transistor と IC の対応

　1957 年に Fairchild Semiconductor International Inc. が設立され、1959 年にはそこで planar transistor が発明され、さらにその年には TI の J. Kilby と Fairchild の R. Noyce による IC がそれぞれ別個に発明された。これは半導体の新しい技術の始まりであり、さらには新しいエレクトロニクスの発展の始まりであった。

　半導体に携わっていた技術者達は新しい時代の始まりに胸をときめかせたものであった。

　ソニーはそれより早い 1956 年にはいち早く、トランジスタにシリコンを使う時代が来ることを見越して、トランジスタテレビの実現のためにシリコン・トランジスタの開発の準備を開始した。事実1960 年にはシリコン・トランジスタを使った世界初のトランジスタテレビを商品化し、同じく 1962 年には世界的に大ヒットしたマイクロテレビを発売している。1959 年の planar transistor, IC の発明はその時期にあたっている。

　井深は日本中の半導体生産を手掛けていた大手の電気会社と同じく planar transistor はやらないと宣言した。一つには NEC がFairchild 特許の再実施権を持つようになって、その特許料が 5%（後に 4.5%）と高すぎるというのであった。

　しかし、実際には特許の行く末が明らかになるずっと以前から

planar や IC はやらないと宣言していた。ソニーの半導体エンジニアは一様に落胆した。なぜ井深はソニーで planar や IC をやらないと宣言したのか、説明はなかった。

しかし、その後の言動から、大会社が総力を挙げて技術開発を行うような商品はやっても勝てないからやらない、ということであるように推察される。もちろん特許料も想定していた事であろう。それではソニーらしい独自の製品を出し続けられる基盤であった半導体に後れをとることになり、会社の盛衰に関わるだろうという思いは、半導体関係者としては同様に持っていたと思う。

1961 年も終わりの頃、岩間は半導体部内の研究開発に関する組織改革を行うよう研究課長の岩田に指示を出した。「少数精鋭主義でやれ。人数を極力絞り、半導体部内の適当と思う人物を誰でもいいから選べ。俺が認めてやる。1 月 1 日発足でやれ」というものであった。

岩田はその方針通り動いた。自分もそのメンバーに加わって、1962 年 1 月 1 日より半導体部開発課が発足した。岩田は開発テーマを絞った。シリコン planar トランジスタ開発、IC 開発、超高周波ゲルマニューム・トランジスタ開発（planar）、パワー・トランジスタ開発、photolithography 開発が主たるテーマであった。

井深があんなに planar はやるな、IC はやるなと命じていたテーマを中心に据えてやろうというのであった。私は silicon planar 技術開発リーダになって、新技術開発ができることが嬉しかった。しかし、なぜ堂々と社長に反抗するような行動がとれるのか、自分にはわからなかった。当然岩間の指示であるとはわかっていたが、井

深さんとの間はどうなっているのかと皆気にしていた。

　岩間は planar 技術が世の中に現れた時、「いよいよ最終的なトランジスタの生産技術が現れたか」と言って、その技術を高く評価していた。また 1959 年私と福井（後にベル研究所）にテレビの水平変更用のトランジスタとダイオードを monolithic で作れるかと聞いてきたので、「作れます」と答えると、これを特許出願するようにと言って「これからはこういうことが大事だぞ」と IC の大事さを教えてくれた。

　ただし、それは 1959 年で 1958 年の Kilby よりは遅かった。その岩間が planar も IC もやらないという井深の方針にそのまま従えるわけもなかったであろう。しかし、どうしてこれを突破できたのだろうか。それはわからない。想像をたくましくすれば、それを助けたのは盛田昭夫ではなかったろうか。

　一つ挿話がある。1962 年秋、私は初めてのアメリカ出張でニューヨークにいた。岩間が後からニューヨークに来るというので、当時の Idlewild 空港に Sony　America の人と一緒に出迎えに出かけた。飛行機から降りた岩間は、内ポケットから数枚の書類を取り出すと、Sony America のマネージャに渡して、「Noyce と会ってきたよ。一足遅かった。これは長船さん（NEC）と Fairchild の契約書の写しだ。兄貴に送ってくれ」と言うのであった。

　岩間はできれば Fairchild と planar 特許のライセンス契約をしたかったようである。しかし、井深さんとは相談ができない。兄貴とは盛田昭夫のことである。東京で盛田と相談してこの話を進めようとして、Fairchild に Noyce を訪れたのであろう。岩間はいかにこ

の技術が大切か良くわかっていた。

　もう一つの挿話は、planar 技術の特許料についての岩間の話である。5% と聞いて皆が高すぎると騒いでいた頃のことである。「俺が Noyce なら、当然そのくらいの特許料は請求しただろう」と私に言った。この基本的な技術を毛嫌いしていては、会社の盛衰に関わるとして岩間は盛田に相談したのであろう。その上で半導体部開発課の設置は、岩間の強行突破だったかもしれない。

5．ソニー厚木工場

　ソニーのトランジスタはトランジスタ・ラジオの拡販とトランジス・タテレビの商品化に伴って、必要とするトランジスタの量は増大を続けた。

　品川の工場を拡大するのは限度があった。新しい半導体量産工場を建設すべく準備が進められたが、神奈川県厚木市の相模川沿いの農地を買い上げて、工場と社員寮を建設したのは 1960 年 11 月のことであった。

　工場はアメリのダラスにある TI の半導体工場を参考にして作った中２階のあるもので、そこに配線、配管などを通したユニークなものであった。その翌年 1961 年 5 月にはソニー創立 15 周年を迎えて、大規模な創立祝賀行事が予定されていたが、ソニー労働組合はそれに向けて大規模なストライキを起こし、品川の本社工場はロックアウトされ、道路には赤旗が並んだ。新鋭の厚木工場も同じであった。若いトランジスタ娘たちもストライキに参加し、バスを連ねて本社のストライキの応援を行った。会社は創立以来の危機に

直面した。

　経営陣は労働組合に対して徹底対抗する道を選んだ。新たに新労働組合が結成され、旧労働組合と対決させ、これを衰退に導いた。厚木工場では迫田初代工場長に代わり、共同印刷株式会社取締役で、過去に同社のストライキに対応してきた経験を持つ小林茂をソニー取締役として採用し、2代目厚木工場長とした。その年8月のことであった。

　井深はトランジスタの生産ができなければ、会社は立ち行かなくなることを懸念していた。そこで小林に対して工場をつぶしてもかまわないから、自由に思い切りやってほしいと要望した。社員にや

工場の井深大（毎日新聞社提供）

る気を起こさせ、組合活動から切り離す方針だった。小林はユニークな方針で社員の心をつかみ、工場は活気を取り戻していった。

1961年はトランジスタ・ラジオが好調だっただけでなく、トランジスタ・テレビも新機種の開発に向けて、必死に取り組んでいる時期であった。やがて、そのテレビの中心的デバイスであるゲルマニュームのメサ・トランジスタやシリコンのパワー・トランジスタも厚木工場に生産が移管された。そして1962年マイクロテレビが発売され、ニューヨーク5番街のソニー・ショールームに日章旗が掲げられ、マイクロテレビが大喝采の内にアメリカにおいて発売された。

盛田が全力を傾注して作り上げてきた、アメリカでの販売体制が効果を顕し始めていた。同時に厚木工場は生産の益々の増強を要請されていた。しかし、テレビ用のゲルマニューム・メサ・トランジスタの歩留まりは上がらず、担当者は毎日苦戦を強いられていた。

岩間は厚木からの情報は常に入手していたが、このままではだめだ。俺が直接見て指導激励しなければと考えるようになった。そこで毎週1回、厚木工場を訪問することにした。小林は自分がクビになるのではないかと心配したという。

1963年岩間は、厚木に残っていた半導体の研究開発部門の多くの人を厚木に移し、厚木工場を実質的に半導体のセンターにする改革を行った。研究開発も次第に厚木に結集されたのであった。岩間は自分の総力を挙げて厚木工場を育てようとした。問題であったplanar transistorは岩田の開発課から厚木に移管された。川名もその中にいた。井深のplanar transistorに対する反対は、どこに行っ

国際電話を３台のテープレコーダーで記録を取る盛田昭夫
（毎日新聞社提供）

てしまったのだろうと思ったものである。岩田は自分が取り残され
ていくのをみて、次第に精神的な病気に侵されるようになった。

　そして 1965 年には planar 特許の問題が再び大きく取り上げら
れることになった。ある程度生産が始まっていた planar transistor
は生産をやめろ、という通達であった。井深からの指示である。小
林工場長は担当であった私にも伝えた。あまりに無法な指示であっ

たが、対応は考えますから当分待ってください、とお願いしてしばらくの猶予をもらった。

　エンジニアの加藤は特許に抵触しない疑似 planar 技術を提示し、それで生産を続行したものであった。岩間は当然相談にはのっていないと想定される。それでも疑似 planar は限度があった。いずれ planar に帰らなければならない事は明らかであった。

　同じく 1966 年頃、突然大新聞にソニーの大きな広告が載った。ソニーはラジオを IC 化し、次第にすべての商品を IC 化するといわば宣言公告である。技術者たちは一様に驚いた。IC はやらないという井深の宣言に、真っ向から反対の新聞広告だったからである。いつ会社の方針が変わったのだろう、と不思議であった。後からわかるように、これは井深の方針ではなかった。

　しかし、ラジオ用の IC は岩田の所で開発されたものであり、それを岩間が取り上げたことは間違いなかった。厚木工場にもその IC 生産準備の指示が来た。厚木の技術者たちは喜んでこれに取り組んだ。1966 年に IC は完成し、1967 年 IC ラジオは発売された。この間、盛田はどうしていたのだろうか。盛田が指示しなければそんな大きな方針は出せなかったと思われる。

　1966 年 6 月、岩間は常務取締役から専務取締役に昇進し、ソニー全社の製品の開発生産の担当になった。井深社長、盛田副社長、岩間専務の体制が整ったわけで問題があるようには見えないが、大事な問題が隠れていた。岩間が半導体から離れたことである。半導体の担当は社長の井深になった。

　その頃のある日、厚木を訪れた岩間と厚木の幹部との会食があっ

た。小林をはじめ、工場幹部が数名参加した。私は岩間に指名され
てこれに加わった。会たけなわの頃、小林が私のことを岩間に話し
た時のことである。岩間はそれには答えず、突然私の方を向いて「俺
はクビになったんだ」と言ったのである。何のことかわからなかっ
たので、返事のしようもなかった。岩間はそれを私に告げたかった
のかと後になって考えたものであった。

　それまで半導体のことでは井深と岩間は方針がまったく異なり、
お互いに苦労してきた。ここではっきりさせようというのが井深の
側にあったのではないだろうか。それに対して盛田は一つの決断と
して（やむを得ないとして）了承したのではないかと思われる。

6. 苦難の厚木工場

　ソニーは 1964 年、全トランジスタ製計算機 MD-5 を発表し、注
目を集めていたが、当時 IBM360 という計算機が発売され、これ
がいわゆるトランジスタ・モジュールというトランジスタとダイ
オードなどを基板に集積したものであったために、ソニーはこれを
採用することにし、厚木工場に開発生産の本部を置いた。本来井深
は、コンピュータも嫌いであった。「あんなものはやらない」と言っ
ていたのだが、卓上計算機はコンピュータとは違う、という理屈で
採用することにした。小林は井深に手紙を書いて、この仕事は厚木
工場でやらせてください。なぜなら大量のトランジスタを使い、人
手も大変多く必要でしょうから、と言って井深の了承を得た。

　IBM360 のモジュールはトランジスタを基板にひっくり返った状
態で、半田接合するいわゆる face down bonding という優れた方式

であったが、ソニーはこれを採用することとした。この技術の開発のために、ほとんどの半導体エンジニアを動員して開発生産にあたった。

1967年ソニーは、SOBAXの商品名でICC-500という卓上計算機を売り出した。しかし、商品の信頼性は悪く返品が続出した。トランジスタ・モジュールのface down bondingの半田付け部分に断線が起こるのであった。モジュールは樹脂で覆われている。様々な応力に対して接続の信頼性が保てないのであった。

そのうちに多くの競合メーカーがこの分野に参入し、次第にMOS LSIを採用した電卓が現れるようになった。値段は急落し、ソニーはピンチに立たされた。ソニーもMOSICを委託生産して対応し、同時に自らもMOS ICの開発を進めたが、ついにこの分野から撤退を決めた。1972年のことであった。

実に6年間にわたって、ほとんどの技術力をこのモジュールに投入したことは大きな機会損失であった。

ある時、担当の盛田正明は、信頼性改善の技術的対応策を決めた後、この改善の効果がなかったら、大山（厚木の近くの山）の頂上に登って白衣を着て四方に頭を垂れ、ご迷惑を掛けた皆さんにお詫びして腹を切る、と半ば冗談で話したものであった。

1972年にはソニーで電卓用の1チップLSIが開発されたが、時すでに遅かった。担当者たちはあきらめきれず、井深の参加の下、井深の箱根山荘で会議を開いた。岩間も参加していた。ここで井深は継続を主張する技術者に理解を示したが、岩間は断固として継続反対を表明したという。半導体を大切にする岩間なら、MOS LSI

ビジネスにつながる最大のチャンスを生かすべきではなかったかという反論がある。しかし、世界の情勢を見ている彼にとっては、ソニーの半導体は今彼らに太刀打ちできる力はないと考えたのかもしれない。

　岩間はその前年からアメリカ駐在で、ソニーアメリカの社長であった。自分が半導体を指揮できる立場ではなかったこともその一因かもしれない。すでに盛田が会社として撤退を決定していたこともあるだろう。

　岩間が半導体の担当を退いて、まず起こったことは、IC はやるなという指示であった。すでに生産に入っていた IC をやめろとは言わなかったが、特許に抵触しない方法はないかと、いう問題提起で井深を中心に会議があった。塚本（厚木工場副長）、中村（厚木工場次長）が参加した。塚本はベル研究所で開発されたビームリード法は、TI の特許に抵触しないと説明した。井深はそれを検討するように指示した。

　これは現在の IC と違って、シリコンの素子間をエッチングという手段で完全に分離するものであった。これは生産技術的に量産困難な IC であるだけでなく、将来性がないと考えられたものだった。その開発をやれという命令は、皮肉にも自分に来た。命令には従わなければならない。開発は進めれば進めるほどに困難であることがわかった。こんなことをしていて世の中の進展に後れを取ってしまう、と嘆いてついに元の上司である岩田に相談したが、「第一線の隊長がそんな弱気でどうするのか、頑張るしかないだろう」と言われたものである。岩田は当然良くわかっていたであろう。それでも

私に対して言う言葉はなかったと思われる。

　次に起こったことは、半導体の組み立て工程で使う配線工程で金線による接続法があるが、これを止めて一括接続をする先に説明したface down bonding を採用せよ、という命令であった。電卓のモジュールで経験した接続法をIC に適用するように、という命令である。

　現在ではこの方法は広く用いられていて、その命令の根拠は一応あったのである。担当者は必死にその技術を追求したが、原価は高くなるばかりで、一向に生産として根付かなかった。今のように接続点が多いわけではなく、通常の方法は技術進歩が早く、極めて生産的であった。技術者たちは苦しんで、いつまでこれを続けるのかと悩んでいた。

　岩間がいない事が悔やまれた。ついにある日、本社から鳩山（当時常務）が厚木に来て、通常の方法に戻す事を進言して問題は一段落した。この鳩山はどこからその指示を持ってきたのか、よくはわからない。しかし、課題は遠くアメリカまでも届いたはずである。岩間が指示を出すことは許されない。鳩山に役が回ったのかもしれない。

　こうして長い年月にわたってソニーの半導体技術は停滞した。しかし、top management は、井深以外誰も半導体に意見を言った様子はない。電卓からの撤退命令を除いては。

7．Kilby IC 特許問題とIC

　1964 年1 月、テキサス・インスツルメント社は日本国内でのIC

生産を目的として、100％株式保有の子会社を日本に作りたいと申し出た。同社は古くから consumer electronics に関心があり、急速に需要を伸ばしている日本は、IC の大きな市場になるだろうと考えたのであろう。さらに自社が保有する強力な武器としての IC 特許、Kilby 特許を保有しているので、なおさら強く日本進出を望んだのであろう。

　1964 年、日本はまだ IC 生産の黎明期であった。NEC がわずかに生産を始めていたが、ほとんどまだ手が付いていなかった。シリコン・トランジスタでは、先に述べたようにソニーは先進的な生産を行っていたが、IC はまだであった。国内メーカーからは TI の上陸を認めれば、自分達が立ち上がれなくなってしまう、という悲鳴のような反対論が流れた。日本の通産省も同じく日本の半導体産業保護のためには、TI の要求を認められないということで一致していた。TI は日本進出が認められなければ、日本の半導体メーカーには IC 特許を公開しないと言ってこれに対抗した。

　しかし、日本もいつまでも拒否し続けられるものではない。政治問題化してくるからである。そこで通産省は 3 条件を TI に出した。すなわち、

① 日本企業との折半で企業を設立する。

② TI は特許を全面公開する。

③ 3 年間は生産計画を日本政府と協議する。

というものであった。

　TI は日本企業と合弁は承諾できない。できなければ日本企業に対して特許の公開はしない。という強硬な回答であった。日本は対

岩間和夫（ソニー提供）

応に困り、議論を繰り返し、特許の無効を申し立てるなど、対抗手段をとったが、決定打には至らなかった。

　そして約3年の月日が流れ、1967年の暮れ、TIの会長Haggerty会長が日本に訪れた機会をとらえ、盛田は自分の私邸に呼び、ソニーとの合弁会社を提案した。

　3年後には株は全部TIに譲ること、ソニーは実質的には生産や技術には立ち入らないこと、などを話した。Haggertyはこれを受け入れ、翌1968年5月、日本テキサス・インスツルメント社が誕生した。社長は井深、会長はHaggertyとなった。

　これで日本の IC は救われ、TI の特許非公開の問題にとらわれることなく堂々と生産ができるようになった。特許ライセンスは次の課題となった。これによってアメリカとの経済摩擦の問題と関連する政治的課題も回避された。

　この歴史の1ページに井深を前面に持ってきて、契約書にサインしてもらったのは盛田である。1967年はソニーの初めての IC ラジオが発売された年である。またその前年には、ソニーは全商品の IC 化を宣言している。盛田は IC がソニーにとっていかに重要なものであるかよくわかっていた。だから、IC 反対の井深を前面に押し立てて TI との合弁会社を作ったのである。

　しかし、いつもの事ながら、盛田は自分の会社のことだけではなく、日本の事を考えていた。なんとかこの長きに亘る膠着状態を自分で解決しようと決意していたと思われる。井深は賛成した。しかし、先に述べたように、Kilby IC 特許を使わない IC の開発を望んだのであった。

　岩間は当然盛田と協議をしたことであろう。岩間にとっては IC こそソニーが生き残るためにやらなければならないことと思っていたであろう。これは歴史上には現れない話であるが、当然あったと思われる。ソニーはその後、IC テープレコーダを1968年に発売し、また同じ1968年に発売されたオールトランジスタカラーテレビ、トリニトロンの IC 化を進めた。IC 化は電卓の IC 化も含めて、日本で怒涛のように進み始めた。

8. CCD 開発の曲折

　1973 年 6 月岩間はソニーアメリカから帰国し、ソニー代表取締役副社長となった。社長は盛田、会長が井深だった。岩間はソニーの半導体が世の中の大勢から遅れ、特に MOS LSI において大きく遅れをとってしまっていることに危機感を募らせていた。

　帰国と共にソニー中央研究所の所長を兼任することになった岩間は研究所のテーマを見直し、重点を置くべきものを改めて提示し、人事などの変更を行った。その中で特別に決めたテーマが、CCD 撮像素子とそれを用いたカメラの開発であった。当時ソニーの撮像素子は真空管で、ソニー独自開発のトリニコンという素子であった。

　当時は残像が目立ち、カメラの取り扱いにも注意を要する等、課題の多い素子であった。CCD が撮像素子として使えることは、ベル研究所を訪問した時からわかっていたが、研究所で開発が行われているのを知り、それを特別に取り上げることにした。

　1974 年には所長に菊池誠を採用任命して自分は所長を退任したのであるが、CCD のプロジェクトがどのようになっているのか、常に注意と指示を怠らなかった。

　ソニーにとって撮像素子としての CCD の戦略的重要性を、いち早く認識したのはトップの中では彼だけであった。彼はそれだけに止まらず、これが MOS　LSI と同じ技術で作られていることに注目した。ソニーの半導体の MOS LSI に対する後れを取り戻す良いテーマになると見たのだった。彼は優先的にこのテーマに投資した。しかし、1974 年の終わりになって、進捗がはかばかしくないことにいら立っていた。

　態勢を立てなおして取り組むためには、厚木工場のエンジニアを連れてこなければならないと考え、高崎（当時専務）に命じて検討させた。そこで私がリーダになってやるようにという指示が下った。もっとも具体的には菊池の指名によるものであった。結果的には厚木から多くのエンジニアとプロセス装置を研究所に導入して新しい開発体制を作って開発を加速させることになった。

　最初はソニーの経営陣はすべてこの対応に賛成した。しかし、それでも開発はなかなか進まない。岩間は毎月研究所を訪れ、進捗状況を聞き、対応を指示した。それでも当時の技術と環境の下では、容易に成果が表れるものではなかった。

　次第に社内に批判が沸き起こり、ついにはこのプロジェクトは1日も早く止めさせるべきだという声がトップマネージメントから各部に至るまで広がった。井深はその大勢の意見に従うようになっていた。盛田、大賀は最後まで沈黙を守った。CCD開発費とその為の設備投資額は毎年増え続けた。はかばかしくないプロジェクトに批判が集まった理由である。

　岩間は「これは21世紀になってものになるものですよ」と言って批判者からの非難をかわし、プロジェクトチームには必死の対応を求めた。必要な金を調達せよ、と言われた大賀は忠実に従った。やがて新聞発表ができるような素子ができると批判は下火になってきた。

　この間、岩間は多くの批判にどうして耐え続けることができたのだろうか。社長という立場からであろうか。1976年、岩間は社長になっていた。当然それもあったであろう。誰もやめろと命令する

142

人がいなかったからでもある。いや盛田は会長としてやめろと言える立場である。しかし、盛田はそういう事を言った事はないと思う。盛田が支えなければ、岩間はこの批判の嵐を乗り越えられなかったのではないだろうか。大賀は岩間を信頼し続けたと後に語っている。

こうして奇跡的に CCD はソニーで生き延び、その後のソニーを救うことになったのである。

1982 年、岩間は癌のためにこの世を去った。大賀が社長に就任し、経営陣も変わった。そこでの CCD は安泰ではなかった。CCD 批判者は生きていた。CCD 開発生産化の活動をやめ、その技術者全員を MOS LSI に振り向けるべし、という動きもあった。画素数を上げる開発はやめるべし、という動きもあった。

しかし、実際には CCD 開発生産化の活動は休むことなく続き、多くの苦労の末に、ビデオカメラの商品化にこぎつけた。CCD 開発生産中止の動きは、担当者の熱意と共に盛田が許さなかったからだと思っている。

CCD が商品化されて後、ソニー社内で CCD 開発成功祝賀会が開かれた時、井深は陳列してあった岩間の写真に手を合わせ、静かに一礼して壇上に上がった。「岩間さんは素晴らしいものをソニーに残してくれた。ただそのために MOS 開発に人材が回らなかったことも記憶にとどめたい」と述べ、岩間の功績をたたえた。

9．井深の保守主義の所以

Planar はやらない、IC も MOS もコンピュータもやらない、とした井深の保守主義は、どこから出てきたのだろうか。おそらくそれ

は井深の発明家精神に根ざしていると思われる。

東京通信工業設立趣意書には「大経営企業の大経営なるがために進み得ざる分野に技術の進路と経営活動を期待する」と書いてある。これが、大会社のやるものはやらない、人のやるものはやらない、と変わっていった事にあると思われる。同時にラジオはやらないとした当初の方針から一転してトランジスタ・ラジオを始めたように、他社が追随できないものをやろう。そして大会社が総力を挙げてやるものには絶対手を出さない事にしたい、という中小企業的といっては言いすぎかもしれないが、独立独歩の精神のなせる技ではなかったであろうか。

カラーテレビ用ブラウン管では、RCAが発明し世界中が使っているシャドウマスク方式を使うことは井深には断じてできなかったのはその理由からであろう。ここでは保守主義ではなく先進主義となったが、精神の淵源は同じと考えられる。種々検討してアメリカのパラマウント社のクロマトロンの技術を買い、これで商品化すべく長い開発期間と資金を投じ、ついに1964年発売に至ったが、故障が多く、赤字はかさむばかりで、会社存続の危機を招くまでに至った。

ついにクロマトロンを中止し、新たに開発を続行してついに優れたトリニトロンを発明するに至るのだが、それは井深の執念のなせるところだった。余談だが、盛田はクロマトロンで会社が倒れる危険があることを井深に忠告している。

半導体やコンピュータは大会社がやるからやらないで済むものではない。それに代わるものがないからである。IC開発でビームリー

ド方式ならTIの特許に抵触しないからこれをやる、というのはこれが同様の生産性と将来性を持つものである場合にのみ対応が認められるものと考えられる。トリニトロンがシャドウマスクに代わる事ができたのも同じ理由である。この例によってトリニトロンの評価を下げるものではない。

　かつてソニーを躍進させた原動力であった井深が技術的保守主義に陥ったのは、過去の経験に基づく会社経営の精神および彼の発明家精神によるものではなかったかと思われる。しかし、技術の進展の方向を見ている人には理解不能な保守主義と映ったのである。

１０．初期のソニーの成功を作った経営陣

　井深、盛田、岩間がソニーを興隆に導いたのは万人の認める所である。井深、盛田は年齢が離れているにも拘らず、お互いに死ぬまで固い友情を持ち続けた。盛田の井深に対する尊敬の念は、終生変わる事はなかった。盛田が病気でハワイに静養することになって口もきけなくなり、井深も声がほとんど出なくなっても、井深は盛田に電話を掛け、アキオー、アキオ―と叫び続けたことがあったという。

　二人ともおもちゃが好きで盛田は面白いおもちゃを見つけると必ず二人分買ってきて、井深に一つ渡して喜んでもらったという。

　しかし、これまで見てきたように、すべて平穏無事では済まされなかった。会社経営とはそうしたものであろう。会社が大きくなって、特に半導体技術やコンピュータ技術が進歩し、それを商品の中にどう先駆的に取り入れて行くかが、ビジネス競争の中心になって

きた時に、井深がそれを拒否してきたことに盛田や岩間は大きな困難を抱えたことになったであろう。

　それを決定的な分裂に至らず、正しい道を歩み続けることが曲がりなりにもできたのは3人の知恵と忍耐であったであろう。

　井深はMOSやコンピュータも初めは大嫌いで、あんなものは絶対にやらないと言って多くの人を困らせていたが、やがてそれが実際にテレビやCDになくてはならないものになっていくと、その存在を認めることになった。CCDもしかりである。

　岩間はことのほか、世の中の技術の進歩に対して敏感であった。そのため保守的な井深との間では多くの苦しみを味わってきたであろう。盛田がそこにいたのが救いであった。岩間は井深に対しては反論を唱えるような人ではなかった。それでもやらねばならない事は断固として実行した。

　盛田はこれまで見てきたように、その間の調和を保つ役割も果たしたと思われる。盛田は海外に多くの知人が居り、先端的な技術や商品化の話題はいち早く知っていたであろう。岩間の話は良く理解できたと思われる。

　1974年以降のある日、中央研究所所長だった菊池誠は岩間に呼ばれて部屋に入ると、ドアを閉めて井深さんが最近の技術の状況をほとんど知らないことを説明し、菊池にどうか井深さんにそれらを教えてくれないか、と頼んだということである（「ソニー・ドリーム・キッズの伝説」ジョン・ネイサン著、山崎淳訳）。岩間も考えあぐねて菊池に頼んだのであろう。しかし、それは難しい話である。

　1971年の井深会長、盛田社長就任時の人事も盛田が推進したと

思われる。井深を大切にする気持ちに変わりはないものの、激しい技術革新の進む時代に、このままで良いのかという意識があったのではないだろうか。1973年に岩間をアメリカから戻して、ソニーを先進技術を中心にした会社に再び戻したかったのではないだろうか。

　私は厚木工場長だった高崎（当時専務）が、やはり1970年代後半に岩間と私と3人でいた時に「岩間さんもずいぶん井深さんにいじめられたもんね」と言っているのを聞いている。岩間は決して井深に反論しなかったであろう。ただ自分の主張は曲げなかったであろう。そのようにして緊張感を持った経営の中で会社を成長させてきたこと、経営陣が最後まで一つにまとまって行動できたことは、当事者の人間的努力と共に高く評価されるべきであろうと考える。

１１．ソニー初期の経営者達の行動からの教訓

　戦後の荒廃の中に生まれ、不死鳥のように大きく成長し、世界に名声を馳せたソニーの経営者達の行動からは、学ぶべきことがたくさんあるように思われる。当然時代も変わり、会社を取り巻く経済環境も技術の状況も当時と比較すべくもない。それでも彼らの世界に存在しない新しい商品を開発しようと、積極果敢に挑戦し続けた勇気、一点集中とも言うべき目標設定、自ら先頭に立ってそのプロジェクトを推進してきた指導性などは、今でも学ぶべきことが多いと思われる。

　井深は、テープレコーダから始まってトランジスタ・ラジオ、トランジスタ・テレビ、VTR、トリニトロン・テレビなど、多くの商

品の開発テーマを自ら設定し、担当者を激励し続けた。木原（当時専務）は「井深さんにテーマを指示されて完成品を見てもらった時の井深さんの喜ぶ顔が自分の働く喜びであった」と語っている。盛田は、アメリカにソニーの販売会社を作ろうという大きな目標を掲げ、様々な困難を乗り越えてその目標を見事に達成した。ついには家族ごとアメリカに移り住んで、その完成を目指すなど必死の働きであった。岩間は、ラジオ用トランジスタの生産化という日本では誰も成功していなかったテーマを、そのリーダーシップで成し遂げた。CCD もしかりである。

　この積極果敢なリーダーシップは、今でも学ぶべきところではないかと思われる。この 3 人のそれぞれの得意点を生かし、それらを総合して会社を前進させてきた事は、多くの経営者達にとって教訓とすべきことと思われる。

　さらに会社が大きくなるにつれて、経営者間の意見の違いが明確になっていった。先端技術にどう取り組むべきかについて、井深と岩間は意見が違っていた。岩間は決定的な対立は避けながら、やるべきことはやり通すという難しい道を歩んだ。そういう強い意志を持った岩間がいたことが、会社にとって極めて重要であった。盛田は岩間の意見を取り入れながら、井深との関係を調整した。盛田もまた難しい道を歩んだと思われる。それでも井深と盛田との間の深い相互信頼の気持ちが、問題の解決に貢献したであろう。

　こうしてそれぞれに優れた個性を生かすことができたのは、人間的な信頼に加えて問題を解決する知恵と忍耐力によると思われる。しかし、そうでない解決法も当然あるであろう。ただこの 3 人の

行動の記録は、経営者達にとって参考にすべきものであると考える。また、この難事をやり遂げ、輝かしい会社を作り、輝かしい人生を送られた3人に対して改めて敬意を表したい。

12. 今のソニー経営についての提言

　今のソニーについて、多くを知らない者が何かを言うべきかどうかはもちろん疑問である。ただこれまで見てきたかつての経営者の足跡から敢えて感想を述べたい。技術は日々に進歩し、商品もまた様相を変えていく。国際的な競争もかつてと今とは大きな違いである。

　岩間が世界の技術の動向に常に目を向け、あらゆる手段を使って情報を得ようとしていたのかも注目すべきである。経営者はいつでも正しい情報、特に技術的情報が手に入るとは限らない。積極的な努力が必要かと思われる。

　岩間はよく日曜日に特定の技術者（毎回変えた）を指名して気楽な会議を開いた。目的は自分が知りたいと思っていることを、集めた技術者たちに聞くことである。ある時は自ら提案した。「マイクロプロセサを開発して使いたいと思うものはいないか」など、それが日本でもまだ生産されていなかった頃の提案であった。「売れなくてもいいんだ。自分の所で使う気があればやってみろ」とけしかけたりした。しかし、当時は誰も手を上げなかった。彼はまた懇親会を好んだ。会議の後の酒を飲んでの話し合いである。そこから大切なお互いの情報交換ができることを知っていた。

　先見性という言葉がある。これから世の中はどうなっていくのか。

そこでどういう技術や商品がもてはやされるのか。それでは自分の会社は何をやるべきかを考えるのは極めて重要であろう。それでも、すべての先端技術を追うことができないのは当然のことであり、何をやればよいのかを考えるのが経営者であると思う。

テレビではソニーはブラウン管で世界に覇を唱えた。しかし、液晶の時代に後れを取った。その液晶開発始めの頃、「あんな画質の悪いものはやらない」と当時の経営者は言い、「すべての技術を自分でやることはできない」とした。しかし、これから何が大切になるかを判断する能力が経営者には基本的に重要である。当時の経営者の判断は大きく間違っていたと思われる。

盛田は世界中を飛び回っていたから、世界がどう動こうとしているのかよくわかっていたと思われる。したがって、岩間の話をよくわかっていたであろう。盛田は岩間の技術を見極める能力を尊敬していた。今はかつてと違って、インターネットですべてがわかる時代ではある。

しかし、世界を見て回り、自分で情報を取り、自社の状況と合わせて、その中で何が正しい政策か、分けても今のソニーに特に必要とされるものは何かを、常に追い求める努力が必要ではないだろうか。盛田、岩間の姿からそれを学ぶべきではないかと思うのである。

中でも先端デバイス、その基本の材料技術について、ソニー競争力の源泉であったその先進性を学ぶべきではないだろうか。

❾ ソニー MOSLSI 開発史（川名論文 7）

半導体産業人協会 会報 No.93（2016 年 7 月）

1．概要

　ソニーの MOSLSI 開発の歴史は、バイポーラ IC のそれに比べて困難な道のりであった。その困難を乗り越えて、後発ながら CMOS LSI の競争社会に船出して、ついに撤退するに至ったが、その中でも 1982 年に CMOS LSI の本格的な試作開発ラインを設営し、そこから CMOS SRAM の開発から量産、そして営業に向かったことを中心に、その後さらに大きく発展し、終結するまでの歴史を報告する。

2．MOSLSI の始まり

　1960 年代にはソニーでも MOSIC の開発が始まっていた。東京の本社の半導体開発課に入社した安藤哲雄は 1964 年には上司の岩田課長の許可を得て MOS トランジスタの開発を始め、翌年には PMOS トランジスタを試作した。

　ここで説明が必要である。その頃、ソニーでは井深社長が、IC はやらない、MOS は決してやらないと宣言していた頃である。岩田は彼の上司だった岩間の了解の下に IC の開発を進めていた時であった。MOSIC を開発することに戸惑いはなかったであろう。安藤は当時本社にあった電卓の開発グループと連絡をとり、MOSIC

がどのように使われるかの検討を始めた。ソニーの先駆的な仕事であった。彼は 1967 年には厚木工場に移り、そこで電卓開発部隊と協力して MOSIC の開発を進めている。井深の方針を忠実に実行していた厚木工場長小林の知らないことであったであろう。

　1970 年代の MOSIC 及び MOSLSI は電卓によって幕を開けた。シャープはその前年 1969 年、ナショナルセミコンダクタに依頼して電卓用 MOSLSI を開発し、世界初の LSI 電卓を発売した。1971 年には、日本のビジコン社がインテルにチップセット開発を依頼し、用途に応じてプログラムを変えることができる LSI、すなわちマイコンを発明した。

　1972 年にはカシオがカシオミニを発売し、価格破壊がすさまじい勢いで進行した。MOSLSI は急速に進展し、IBM の 360 システムになぞらえたモジュールで電卓を生産していたソニーは MOSIC を放置するわけにいかなかった。

　そこで、日立に電卓用 LSI の開発生産を依頼したが、価格競争には勝てず、1973 年には撤退を決意している。その間、電卓開発部門の MOSIC 設計と安藤たちのプロセスの協力によって、ソニーでも電卓用の MOSIC の生産を始め、日立の MOSIC に続いて、次の機種からは実際に使用された。

　しかし主流にはなれないままであった。さらに、1972 年には独自に 1 チップ電卓用の MOSLSI の開発に成功したが、時すでに遅かった。

　すでに内々でソニーは電卓からの撤退を決めていた。これによって、安藤たちは残念ながら仕事を失った。その後安藤たちは 1975

年には CCD 開発に従事するようになって一旦 MOSIC から離れた。この時代にはどこでもそうであったように、PMOSIC が使われた。これはソニーにとって重要な歴史の一駒であった。

　一方、デジタル化の波はコンシューマ商品にも及び始めた。1974 年頃には、テレビチューナーの電子同調が注目され始め、ソニーは高性能バリキャップを開発して対応している。

　1977 年には、このデジタルチューニングシステムをリモコンと共につかさどるデジタルチューニングシステム（DTS）コントローラ IC とラストチャンネルメモリと称する最後に見たチャンネルを記憶するためのノンボラタイルメモリ MNOSIC が、島田喬らにより開発されて生産に供されている。

　MNOS メモリは、極薄酸化膜を介してトンネル電流によってシリコン窒化膜に蓄えられた電荷が、電源を切ってもトランジスタのオンオフ状態を保持することを利用するものである。

　こうしてソニーは電卓撤退によって失った MOSLSI の新たな用途を開発したのだった。なお、この同調方式は電圧シンセサイザーで同調電圧をデジタル変換して不揮発性メモリに記憶させるものである。この方式は大ヒットを収め、トリニトロンの初期を飾った。

　さらに 1980 年には、設計部門と島田は協力して、島田の NMOS プロセスを用いた 125MHz 周波数シンセサイザー IC を開発し、FM チューナーで電子選局化の先頭を走った。

　このプロセスは配線の自由度が多い点で高速化に有利であった。1983 年には 1.8 ミクロン NMOS で 350MHz の周波数シンセサイザーを、1985 年には 950MHz のシンセサイザー LSI を開発し、

ソニーの TV 及び FM チューナーの優位性に貢献した。

　しかし、このプロセスはセルフアラインではなかったので、次の世代では別の標準的プロセスに受け継がれた。

3. カスタム LSI の時代の始まり

　1970 年後半からデジタル技術の進展に伴い、MOSLSI をコンシューマ機器に応用したいという要望はどんどん増加した。1977 年には、テープデッキの液晶ピークメータ駆動用 MOSLSI は富士通に委託され、その後 1980 年代には、多くの MOSLSI が富士通に生産委託された。当時、厚木工場内にあった情報機器事業本部も MOSLSI は少量多品種を必要であった。これらも大方は、半導体事業本部が要望を受け取って富士通などと交渉して開発生産を委託する状態になった。

　ゲートアレイやマスタースライスなどがそれらの用途として適当であった。ソニーの半導体事業本部ではバイポーラ IC の設計に忙しく、貴重な設計リソースを割けなかったのも事実であった。もとよりそれらを試作量産する能力もなかった。

　富士通も先端 MOS のテクノロジー・ドライバーとしてソニーの情報機器事業本部向けのゲートアレイが適当であると考えてたようで、両者にとって好都合であった。またその後大量に必要となったマイコンは NEC などにも委託され、ソニー半導体は自社用 IC の生産としてはバイポーラ IC に限られるような有様であった。それでも半導体事業本部は、自ら MOSLSI の本流に参加してその開発生産を実行する気はなかった。

　時すでに遅し、と見えたのであった。ソニーはまだバイポーラICで歴史的な優位性を享受していた。テレビ用のバイポーラIC、ビデオ用、CD用、CCD用などセット部門の設計とソニーのプロセスは他社に対して極めて優位な状況であった。多くの他社がソニーのICを欲しがった。日本の他社がDRAMで世界に進展し、世界中から高い評価を受けていたとき、ソニーは静かに他社からMOSLSIを購入する仕事に没頭していたが、その状態を覆そうとする動きはなかった。

　ただ岩間社長は違っていた。

4.　岩間社長の憂鬱

　1978年末から1979年初めにかけてCCDプロジェクトが中央研究所から厚木工場に移転し、プロジェクトは中村事業本部長の下に入った。1980年にはCCDの最初の営業である全日空への納入が行われた。

　岩間は半導体事業本部を指導する立場となり、例によって一ヶ月に一回半導体事業本部を訪れ、半導体の研究開発報告会を開いた。CCDプロジェクトが厚木移転を完了した年、1979年に始まっている。厚木の敷地内にある情報機器事業本部の本部長、森園専務も会議に参加していた。

　そこでは最近の一ヶ月の間に進捗のあった研究開発テーマについて報告し、岩間の質問やコメントを受けるということであった。毎月どういうテーマで報告すべきか、事務局が検討し、一番成果として評価されると思われるものを選んで報告した。そこでは社長が

もっとも関心があり、重要な MOSLSI の設計開発に関するテーマ
がよく取り上げられた。もちろん他のテーマもあったのは当然であ
る。MOSLSI の設計開発のテーマでは本社のセット部門の要求に対
してどのように設計し、どのように優れた LSI に仕上げるのかとい
うテーマが取り上げられることが多かった。その中には優れた工夫
があって、独自性のあるものがあったりした。MOSIC 設計部長は
沼田、次長は渡辺であった。

　岩間は静かに聴いていたが、あるとき「お前たちは宮廷音楽隊だ」
とつぶやいた。面白い話を聞かせてくれて気分を良くしてくれるが、
何も実質的に会社の実益に寄与しないではないか、という皮肉であ
る。そうして設計された MOSLSI は、ほとんど富士通に委託生産
されたからである。自社内で生産する能力を持っていないことに対
するいわば恨み言であった。

　かといって「何とかせい」ということもできなかった。なんとも
ならないことを社長自身がよくわかっていたからである。悶々とし
た気持ちが出席している自分にもよくわかった。工場は敷地一杯に
建物が建っており、新しい MOSLSI 試作開発を実行する場所を用
意することは無理と見えたのである。

　岩間はかつて 1973 年にはソニーアメリカから帰って中央研究所
に CCD プロジェクトを設立し、イメージセンサーの商品化と共に
ソニーの MOSLSI 技術の復活に望みを託したのだった。今 CCD が
厚木に移り、開発が一層進みつつあるときに、当初からの狙いであっ
た MOSLSI をどうにかして厚木に根付かせようとしていたと思わ
れる。それがどうも思うようには進まない。どうしたらいいのか、

という悩みが続いていたと思われるのである。

　一方、CCD 開発の方も自分の思った通りではなかったであろう。厚木工場の一角に優れた試作ラインを設けたので、中央研究所で苦労したパーティクルの問題や、汚染の問題も解決すると思っていたのに、進展は遅々としていた。中村本部長に「もう CCD はやめてもいいよ」と言ったのもこの頃のことだったかもしれない。しかし、岩間が中村に対して国分工場に CCD 生産ラインを作れ、と指示したのもこの前後のことであった。あれやこれや悩みは尽きなかったのではないかと想像する。

5. MOSLSI 試作ラインの構想

　1980 年も終わりに近づいた頃、MOSLSI の試作開発ラインをどうすべきか考え続けていた筆者は、極めて困難だが実行できる案を考え付いた。それは厚木工場の中心に位置する一番大きな建物 9 号館の一角がクリーンルームではなく、通常の環境で製品の測定選別に使われていることに注目したのである。従業員はエンジニア、管理者を除いて、ほとんどパート従業員の人たちであった。

　この部門を工場外に出して、その区域をクリーンルームに構築しなおせば MOSLSI の試作開発ラインができるのではないかと考えたのであった。面積はほぼ 1100m2 でなんとか実現可能な面積と判断した。岩間社長への報告会が終わったとき、筆者は社長の帰り際にこの案をちょっと話した。社長は「そうか」と言うだけであったが、不機嫌ではなかった。もちろん実行できるかどうかも不明である。何も言うはずがない。当然本部長にも報告し、蜂谷工場長にも

報告相談した。実現できるかどうかの調査が先である。蜂谷工場長は真剣に検討を部下に指示し、厚木工場から遠くない範囲で広い作業場を確保できるか、従業員の通勤のバス手配、昼食の取り方などを調査させた。

　困難はたくさんあったが、実現可能と判断された。候補にあがった場所は厚木市の隣の伊勢原市にあるソニーと関係のある物流会社の三井倉庫を改装して使用する案であった。実行計画が承認されて後に、厚木工場総務部門と半導体事業本部は協力して 9 号館の測定部門を移転させる計画を実行に移した。従業員も含めて大変な努力が払われた。

　一方クリーンルーム建設の具体案については、もっとも積極的に協力したのは MOS 設計部の沼田部長と渡辺次長であった。これによってソニーで MOSLSI のビジネスができるようになるのではないかという期待からである。同時に工事検討要員として研究部（矢木部長）技術部（加藤次長）MOS 設計部などから参加した田辺、島田、八木、矢元、平野、安達などのメンバーであった。後に仲井、二神が加わった。これらの組織化には MOS 設計部の渡辺の力が大きかった。

　また、具体的な工事の発注サポート部隊は、やはり半導体事業本部ではなく総務部施設課になるので、その担当であった内藤課長、米田がこれに参画した。こうして 1981 年初めには難しいプロジェクトが始まった。

　難しいという意味は、本来本部長が主導したプロジェクトではなかったのがその理由である。本部長は熱心ではなかった。しかし、

MOS 設計部を中心に絶対になんとかしなければソニーの MOS の将来はない、という危機意識が担当者には働いていた。宿命的な困難であった。バックには社長が居るというのも現実であった。

　こうして 1981 年 2 月 27 日には、竹中工務店から第一回の建築工事見積書が提出されている。一億円強であってあまりに安い。実際には 7.5 億円強かかっている。クリーンルームのクリーン度について安易に考えていたのである。そもそも、既存の部屋をクリーンルームに改装しても、それ程高度なクリーンルームを作ることは難しい。竹中工務店の計画は常識的なものであった。しかし、ソニーはこれに満足しなかった。対応は次に述べる。

6. 計画段階の困難と進捗

　計画段階での最初の問題は装置の選定にあたって、ウェファ径をいくらで進めるべきかであった。当時研究部は 3 インチウェファを使っていたが、先行きはさらに大きなウェファが使われるようになるだろう。量産移行には量産工場と同じウェファを使うべきだから 4 インチウェファを採用すべきであるという意見と、今の 3 インチのプロセスを採用する方が容易に立ち上がるから 3 インチにすべきであるという両意見が対立した。

　結局筆者の判断も含めて 4 インチで行くことを決定した。これが最初の大きな論争であった。なお、先に述べたように、今まで島田（喬）が進めてきたプロセスに代わって、セルフアラインによる標準的な CMOS プロセスを採用することにした。

　次はクリーンルームの設計に関してであった。すでに建っている

建物を改修するので、優れたクリーン度に設計する自由度がない。それでどの程度のクリーン度の建設を行うのか、予算はどうするのか、という議論である。渡辺らは徹底したクリーン度を追及すべきと主張したので、建物の構造を少し変えて、床に空気のリターンの溝を作るという新たな構造を考案した。クリーンルーム内の真ん中に鉄製のスノコの道を作ることになった。これは竹中工務店との合作である。空調設備や建設費は大幅に増加した。

　困難な課題が次々に起こり、半事の担当者や特に施設の米田には大きな負担であった。平野は酒の量が増えたと嘆いた。

　成果があったのは、この MOSLSI 試作ラインでどういう試作開発を行うべきかに対する検討結果が報告されたことである（1981 年 3 月）。当面は 8 k 及び 16 k SRAM、8 ビット CPU、64 k CMOS ROM、次にカスタム LSI などなどの目標が示された。MOS 設計部の見識だったと思われる。

　こうして 1981 年 7 月には「MOSIC 開発プロジェクト計画決済」が工事、プロセス装置を含めて 35 億円弱で決済された。内機械装置 27 億円強。当時の感覚では大きなプロジェクトであった。この起案者は半導体事業本部長 中村鉎一であり、特記すべきことは、実行担当が筆者川名副長と明記されたことだった。

7. プロジェクトの進行と高崎、岩間の来訪

　1981 年 8 月には工事が始まった。しかし、工事が始まってみると予想していたことと違う問題が生じ、どう修正すべきか、予算は増やせないので、どう対応すべきかなどの問題が起こった。担当委

員会は常に悩みぬいていた。その都度解決の知恵を出し合い、工事は進んでいった。同時に必要だったのは、今まで不足していたMOSLSIの専門エンジニアの確保であった。社内にはそれほど多くは居ないので他社からリクルートすることにし、総務部門の協力を得て大規模な募集をかけた。こうして日立、富士通、東芝などの多くのエンジニアを採用し、配置した。

　また交代勤務が必要なので、そのための要員の確保、また女子従業員の訓練などやるべきことはたくさんあった。また、クリーン度は最高クラス３のクリーンルームなので、そのための徹底したクリーン作業の準備も行われた。

　もう一つ行われた新しい試みは、コンピュータによるライン管理の実施であった。これは渡辺の努力による。まったく慣れない仕事であったので、作業者たちは最初苦しんだ。このようにして工事は1981年12月18日までには計画通りほぼ終了し、続いて装置の搬入と立ち上げが行われた。

　このすべての過程の中で予定外の状況が起こり、その都度出費を余儀なくされたこともあった。新たな決済が必要なことも多々あり、その通過には頭を悩ませた。本部長がなかなかＯＫしないのである。沼田、渡辺は実行担当責任者の一人として本部長に呼び出され説明を求められ、叱責されることもあった。難しい時であった。

　しかし、２月中には装置の搬入、立ち上げもほぼ終わり、試作の作業も始まりつつあった1982年３月のある日のことだった。突然高崎専務がMOS試作ラインの視察に訪れた。彼はかつて厚木工場長として半導体事業本部を指導した経験があり、CCDプロジェ

クトに厚木のメンバーが参画するときには、もっとも強い推進力を発揮した人である。

　当時、厚木工場長を退任して本社にいた。筆者と沼田、渡辺がMOS試作ラインの内部をクリーンスーツ着用で案内した。彼は装置やプロセスに詳しいわけではなかったが、熱心に話を聴いた。終わって会議室で話をした。彼は「よくここまで立派にできたな。しかも逆風の中で」と言った。彼はクリーン度といい、新鋭装置の配列といい、優れたラインの完成に驚いたようである。また、彼はこの仕事が初めから非常な困難の中で進められたことをよく理解していたのであった。彼の感想はその驚きを語っている。そう言って彼は帰っていった。

　それから何日か経った。突然、社長の岩間が厚木に来る、MOS試作ラインを案内するようにという話が来た。また筆者と沼田、渡辺で案内した。彼はその前年から大腸がんを患って入退院を繰り返していた。厚木まで来られると聞いて大分回復されたのかな、と思いつつ出迎えた。彼はやせ細っていた。ようやく歩けるというという程度かと思われた。試作ラインに到着して「中に入られますか」と筆者が聞くと、「うん」と頷いた。中に入らなくても窓から中が見えるようにはなっていたからである。

　中に入るのにはクリーンスーツに着替えなければならない。なかなか大変である。前室に入って着替えることになったが、彼は自分で着替える力もなかった。あめ色の靴を立ったまま投げ出して「着替えさせろ」と言うように立っていた。筆者はクリーンブーツをはくのを手伝い、他の人たちがスーツを着替えさせた。こうしてクリー

ンルームに入ってから、筆者は空調のやり方、そのための建物の構造、機械装置とクリーン化のための工夫など一通り全工程を回って説明した。

　その間彼は一言も発しなかった。終わってからまた着替えを手伝い、部屋の外に出てまた一言も言わずに帰っていった。どこにも寄らず、誰とも話をしないままであった。彼は先に来た高崎の報告を聞いて、自分で見たいと思ってきたのであろう。今までなんとかしてMOSLSIをソニー内で生産し、会社に寄与させたいと思ってきた、いわば悲願が達成できるチャンスにめぐり合えたのではないか、という気持ちでもあったであろうか。

　一言も発しなかったのは、誰にも影響を及ぼしたくないという気持ちだったのかもしれない。また自分の病のこともよくわかっていてのことだったであろう。もう二度と厚木に来ることもないであろう、という感慨もあったかもしれない。

8. 8ｋ,16ｋ,64ｋ CMOS SRAM

　MOS試作ラインでは、当初の予定通り8Ｋ CMOS SRAMの開発試作を実行した。新しいウェファサイズ（4インチ）、新しいラインと設備、新しい人員構成などでなかなかプロセスの流れは順調ではなかった。詳細なプロセス手順を作ったのは小林（和）であった。歩留まりも初めはなかなか上がらず、苦労が続いた。それでも評価のエンジニアたちの努力もあって、問題は少しずつ改善されていった。筆者は岩間の病床に報告書を書いて送ったりした。

　そうこうしているうちに8月になった。岩間が亡くなったので

ある。衝撃は全社に広がり、厚木も同様だった。筆者は MOS 開発部と命名された MOS ラインの部長（渡辺次長）を兼任していたが、開発部の全員を集めて、岩間社長死亡の報告と自分たちの使命を涙ながらに述べたのであった。

この MOS 試作ラインは MOS 開発部と称し、筆者が部長兼任だったが、渡辺次長が MOS 設計部と連携して仕事を進めた。その 9 月には組織変更があり、本部長は森園専務兼任となった。筆者は副本部長になったが、その後 1983 年には組織変更が行われ、また本部長が河野に代わった。

その 1983 年までには 8k SRAM は次第に順調になり、16 K SRAM も投入され、64 k SRAM も企画投入された。さらに富士通のマスクを使った 4 ビットマイコンの開発案が作られるようになった。SRAM の競争力を持たせるためには高速性が大切である。そのために設計開発の努力がなされた。そしてその年 5 月には顧客評価サンプルが出荷された。この SRAM はその後 1983 年 5 月からの組織変更後、青木集積回路事業部長の下で成長を見せ、その年 1983 年中ごろには量産展開のために国分工場に移転する計画が立案されることになった。

先に国分工場に CCD 専用生産ラインを建設するに際し、これを 4 号棟と称し、2 階建ての工場にし、1 階に CCD 生産工場を展開し、2 階もまたクリーンルーム化できるように設計されていたので、ただちに新開発 MOS デバイスを生産すべく生産ライン建設計画に着手した。これを 4 号棟 2 階の意味で 4-2 プロジェクトと称した。

1983 年 9 月から平野らがこれにあたった。彼らの努力により工

場ラインがすべて完成した1994年9月、貝沼等はSRAMの国分生産を目指して勇躍厚木から国分に異動した。平野もプロセス担当として、しばらくこの生産に参加した。MOS試作ラインでは16k SRAMに加えて64k SRAMの開発準備も進められた。

1983年初めにはラインは順調となり、16k SRAMなどが次々と投入されていった。1985年中頃には64k SRAMの生産品が完成し、信頼性試験も行われて不都合が指摘され、解決に向かっての努力も行われた。そして1986年5月頃には256k SRAMの生産が始まった。

一方、1984年早々には営業の窪田がアメリカから参画し、海外へのSRAMの営業活動が強化された。窪田は1983年ソニーアメリカで対企業セールスに任命され、半導体のIBM納入に意欲を燃やしていた。彼は16k SRAMと64k SRAMの売り込みを進めたがIBMは高速64k SRAMに興味があった。ついにIBMよる工場監査が1986年6月に行われた。工場内は緊張に包まれた。引き続くその年11月のフォロー審査の結果合格となり、当時世界最高速の64k SRAMを、世界の巨人IBMに納入できることになった。貝沼たちは信頼性上の問題、特にBT不良の問題解決に苦しんできた。

その間、窪田はカリホルニアに居て、ニューヨークのIBMと日本のソニーと時差の中、随時連絡をとり営業を進めた。これは1985年から1986年にかけての製造と営業の努力の結果であった。

この成功はすべての担当者にとって大きな誇りであった。こう

してソニー半導体事業本部はその前年 1985 年にはメモリ市場への本格参入を果たし、ソニーの高速 SRAM としての地位を築いた。MOS 試作ラインを作って国際的に通用するソニーの MOS LSI を作り、会社に貢献したいという目的は一応達成された。

9. SRAM 以外の展開

一方、1984 年 4 月にはモトローラとの半導体協業の話も持ち上がり、マイクロプロセサー 68000 の試作まで実行できたのは、ソニーの MOSLSI の実力が基礎にあったからである。これは盛田会長と親交のあったモトローラの会長ギャルビンとの話し合いから始まった。

モトローラの担当者は、ソニー国分の 4-2 ラインを見学してその優れた実力を認識した。彼らはソニーとの協業を望んだが、ギャルビンはソニーの将来を予見し、ソニーが自分の競争相手になることを心配したので、協業は実らなかったが、ソニーが MOS LSI で他社と競争できる基礎を築いたのは、この MOS LSI 試作ラインがあって作り上げられた国分の 4-2 ラインあってのことだったと考える。

1980 年代のソニーにおける MOSLSI のテクノロジー・ドライバー、すなわち製造技術の推進力となったのは、CD（コンパクトデイスク）の DSP（Digital Signal Processor、音声信号処理装置）とマイコンであった。MOSLSI 設計部門は音響部門と協力して CD-DSP に取り組み、第一世代はソニーが設計し、富士通に生産を委託した（1982 年生産）。

第 2 世代も同様にソニーが設計し、富士通に最初生産委託したが、

その後ソニーで生産を引き取った（1984 年生産）。第 3 世代はソニーの設計生産で 1987 年生産となっている。

　4 ビットマイコンの最初のバージョンは、古い NMOS プロセスで挫折（1980）したが、CMOS 4 ビットマイコンは 1984 年ソニーで生産を開始した。続いて 1987 年には 8 ビットマイコンを生産に移すなど、独自設計と生産をソニーで行っている。このように新たに取り組んだ CMOS 技術は SRAM 以外でもソニーで実用化されていった。ゲーム用の LSI は 1990 年代になってからであるが、ソニーの MOSLSI の大きな分野になった。

　さらに後、2001 年にはソニー、IBM、東芝の 3 社による 64 ビットマイクロプロセサー CELL の共同開発が始まり、その後 2006 年の生産にも共同担当して気を吐いたのも、このソニー MOS LSI の基礎作りが元になっていると考えられる。

　不幸にして 2007 年の決定により、ソニーはイメージセンサー以外の MOS LSI の自社内でのプロセスから撤退することになったが、その間の努力の結果や苦しみながらも頑張って経験を積んだ人材は、イメージセンサなどに生かされてきたと信じたい。

10. エピローグ

　バイポーラ IC に偏り、MOSLSI を軽視して生産することに本格的に注力しなかった 1970 年代後半のソニーは、テレビチューナーの電子化という好機に恵まれ、NMOS や MNOS の生産を始めたが、本格的 CMOS 時代に対しては不十分であった。

　これに対して、それを憂慮していた岩間元社長の意志を活かし、

関係者たちはこれを打開しようとして必死に働いてきた。厚木工場総務関係者もそれに応えて困難な工場移転などを推進し、これに誠心誠意協力した。国分工場への展開を受けて、ソニーは高速 CMOS SRAM の分野で世の中に優れた分野を開拓し、IBM へも納入できるようになった。

その後、CD-DSP やマイコン、ゲーム用などの用途拡大の後、CELL の量産の輝かしい歴史の後で、ソニーの MOSLSI からの設計を除くプロセス撤退決定となった。

これを受けて、改めてこの歴史は何であったかを振り返らざるを得ない気がするのである。単に半導体の歴史としてではなく、ソニーの怒涛の歴史の 1 ページとして。

泉下の岩間はこの様子をどう見ているだろうか。歴史は非情なものである。関係者たちの汗と苦しみはどう今に生きているだろうか。この激動を通じて頑張った後に、不幸にも早世したこの仕事の仲間たちに敬意を表しながら、筆をおく。

謝辞

本稿を記すにあたり、多くのソニー関係者から情報を戴いた。お名前は挙げませんが、ここに紙面を借りて心からお礼を申し上げる。

❿ ソニー MOSLSI の開発史

安藤解説　加藤コメント

　川名さんは２０１５年にそれまでに書かれた五つの論文を収めた著書「ソニー初期の半導体開発記録」という本を出版された。これは私本であり、一般に購入はできない。私は自分がソニーでやってきたことを書いた「自分史」を送った。川名さんは丁寧に読んでくださり、２０１６年にこの論文を書かれたのである。

　贈っていただいたこの論文を見て、私はまさに「川名さんの苦悩」を見た。CCD だけに熱中していた私の経験を語りたい。

　１９８１年といえば厚木に建設された CCD 施策ラインに熱中し、国分工場に初めての前工程ラインの建設計画が始まった時である。この頃現場に時々顔を出していた川名さんが、急に顔を見せなくなった。我々の建物の隣の建物の一部を改造してクリーンルームにする工事が始まった。MOSLSI 開発ラインである。私は横目で見ているだけだった

　メンバーは本社半導体開発課で一緒だった一人が中心で、あとはすべて他社から入った人である。半導体は農業である。何を作るか考えない人。機械を自分で動かしたことがない人。顕微鏡をのぞいたことがない人にはできない事業だと私は考える。

　最初のつまずきは、何を作るか決めるのに、外部の経営コンサルタント会社（マッキンゼー）を入れたことである。もっとも競争の激しいメモリーから始めた。川名さんの責任ではないが入り口から

間違っていた。

3年後に我々に被害がおよんだ。

　まず加藤俊夫さんがメモリー事業部長にとられた。開発ライン、国分生産ライン展開をすべて終えた後だったので問題はなかった。越智さんのところにも被害があった。設計の中心であった山崎博司氏がメモリー設計にとられた。若手が育っていたので問題なかった。CCD は越智さんが事業部長となり、私は全体の技術を任された。

　他の事業部から来た本部長が管理職全員を集めて、今までやったこともないキックオフ大会ということをやった。メモリー事業部長となった加藤さんが挨拶し、「メモリー事業はキックオフしたけど、墜落寸前です」と言った。皆きょとんとしていたが、腹の中で拍手していたのは越智さんと私だけである。40年以上前のことなのにはっきりと覚えている。

　川名論文の後にどうなったかを話す。国分工場の4号棟に私は月に2回は出張していたが、4－2に来ていた厚木のメンバーに会ったことはない。関心がなかったこともあるが、誰がとりしきっているのかもわからなかった。1988年に長崎の諫早にあった既存の半導体工場を買収し、MOSメモリーとCCDを生産することになった。工場立ち上げは加藤俊夫さんになった。CCDにはもう人材がいなかった。私は志願して出向した。このとき一緒だったのは上田康弘氏であった。

　この頃メモリーは、業界紙に相場が出るほど値下がりしていた。工場としてはメモリーの赤字をCCDが埋めていた。

この論文を贈っていただいた時、私は川名さんに次のようなメールを送った。

川名喜之様
　ＳＳＩＳの寄稿文「ソニーＭＯＳＬＳＩの開発史」を読ませていただきました。私の拙い「自分史」を参考にしていただき、まことに光栄に存じます。懸命に仕事をしていた若い頃が、苦しかったが良き時代だったことを思い出させてくれました。これまでお書きになった文は、井深大、岩間和夫という偉大な経営者と親しく接してきた川名さんだからこそできたことだと思います。今になって思えば、私の知らない経営者の苦しみを理解されていた川名さんに敬服する次第です。

　まず私の思い出の中にある一つのことをお話しいたします。厚木のＣＣＤ試作ラインでようやくわずかな良品ができ始めたとき、川名さんが「どうしてできるようになったのか」という質問に私は「悪いところを見つけて直しただけです」と答えました。川名さんはそのことを岩間社長にそのまま伝えたところ「そんな哲学的な話ではわからん」と言ったそうです。このことを川名さんは月例会同で私の名前を出してそのままお話しされました。今でもはっきりと憶えているのは、私にとって経営者という立場を知った強い印象があったからでしょう。
　私がＭＯＳＩＣを始めてから失業に至るまでの経緯をお書きになられましたが、この中で私がまったく知らなかったことは、井深さ

んがICの開発に反対していたということです。実は私も電卓がダメになってMOSICを止めたとき、ソニーではLSIをやるべきではない、と考えていました。すでに大手5社が開発に乗り出している時、ソニーのような独自の事業を目指す会社のやるべきことではないと考えていました。川名さんは「安藤たちは一旦MOSICを離れてCCDの開発に移った」と書かれておりますが、私はMOSICに戻るつもりはまったくありませんでした。後に9号館で始まったMOS開試作ラインの時も、誘われても行く気はありませんでした。CCDが正念場だった時で「事業化できないならやめるべき」という批判に晒されていた時でした。

　また、さらにマッキンゼーのコンサルに頼ったSRAMへの参入の時も私は冷やかに見ていました。国分工場の立ち上げに必死だったことを思い出します。

　お書きになられた文章の中で私がもっとも感銘したのは「岩間社長の憂鬱」のところです。岩間さんが「お前たちは宮廷音楽隊だ」とつぶやいたと書かれているのは極めて印象的です。私が経営者から直接聞いた言葉では自分史にも書きましたが、1985年の本社開発推進会議で井深名誉会長が言った言葉「日付入りのスケジュールに何の意味がある。できるかできないかわからないのに予定を立てるな。やることをまずやって時間を短縮せよ」でありました。私はこのことから経営者の資質とし、耳障りのいいことだけを報告する部下の無能を見抜くこと、だと思いました。

　私の経験をお話しさせていただきます。私が長崎工場赴任の時ですが、LCDの生産ができなかった時、私は本部長に「ダメですで

きません」と言いました。本部長は「できないとは言うな」とたしなめられただけでした。

　次に９号館でのＭＯＳ試作ラインのことで当時のことを思い出したことをお話します。
　当時私は８号館でＣＣＤに必死でしたのでこのプロジェクトは横目で見ていました。憶えているのはステッパーの導入選定のことでした。ＭＯＳ開は国産機を先行して入れ、ＣＣＤは加藤さんが米国製のＧＣＡを選定したのですが、この間の経緯は今度加藤さんに聞いてみたいと思っています。
　そもそも私はＭＯＳＩＣに行く気はありませんでしたが、この文を読ませていただいてこれは岩間社長の苦悩ではなく、まさしく川名さんご自身の苦悩であったことがありありとわかります。川名さんを苦しめたのはあの嫌われた本部長だったに違いありません。こんなことを率直に言えるのは私だけなのでしょうか。本来責任をとるべき人がまったく動かなかった苦しみが行間に滲み出ています。あの方は８号館の現場にも一度も来ませんでした。岩間社長が最後の力を振り絞ってクリーンルームに入られたところの記述は感激しました。私は前に酒の席で「あの本部長の悪口を決して言わない川名さんを尊敬する」と言いました。
　私たちが働いていた時代は、その人の能力とともに人格が仕事の成果に結びついていたとつくづく思っています。

　本当に歴史は皮肉なもので、岩間社長が逝去され、あの誰からも

嫌われた事業部長がいなくなってから、本格的なＣＣＤの事業化が始まりました。このことは今となっては社外に知らせる必要はないでしょう。しかし我々の後輩たちがソニー半導体の歴史を知る川名さんの存在をあらためて知って欲しいと思っています。

　私は自分史をあらためて読み返しながら、川名さんの語る歴史を読ませていただきました。一つ一つ懐かしく思い出しますが、何よりも今もお元気で執筆を続けておられる川名さんに敬意と感謝を申し上げます。

　他に一つだけ私が言っておきたかったことがあります。盟友島田喬さんがやっていたＭＮＯＳのことですが、不揮発性メモリーが将来重要になることを、誰も見通すことができなかったのが残念です。今やフラッシュメモリーは半導体製品の主力になっていますが、当時これが量産できるかわからなかった時に、敢えて開発しようとすることができたのは、ソニーではなかったかと思います。他社がやらないことに挑戦してきたソニー半導体ならできたはずだと思っています。これがあると何ができるかを考える見識を持つ人が居なかっ————————————————————————————

2016 年 8 月　安藤哲雄

　これに対して川名さんは次の返事を寄せてくださった。
2016 年 8 月 4 日　川名さんの返事

　安藤さん、私の文章に対して心のこもった感想文をお寄せ戴き、誠にありがとうございます。

　私もこの文章は1年前に書きましたが、手直しをしたり、どう発表すべきか考えながら過ごしました。文章もどう表現すべきか迷いながら書き直したりしました。でも安藤さんにも喜んでいただけたとすれば、大変嬉しいことです。島田さんのMNOSをどう展開させるべきか、考察が足らなかったとする指摘は鋭い観察です。参考にさせていただきます。

　とにかくこの文章が発表されたことで、自分としてもほっとしています。安藤さんも書いておられたように、まだ心の中には書けないで残っているところがあります。自分の心にしまっておくのがいいのかなと思っています。

　今後ともよろしくお願いします。

川名喜之

加藤さんのコメント

　1985年に筆者はメモリー事業部長に任命されました。この前後の年は、日本の半導体メーカーがDRAMビジネスで世界を制覇した年と言っても良い。当時、DRAM業界をリードしていたのはインテルやモステックでしたが、ヒューレットパッカードが日米のDRAMの品質を比較して、日本製が圧倒的に優れていると発表したため、一挙に日本メーカーの売り上げが伸びたのです。

　そこで、筆者の想像ですが、ソニーのトップから見ると折角

MOSLSI を開発したなら、これで大きなビジネスをすべきと思い、メモリー事業部を設けることにしたのでしょう。

　筆者はメモリーに関してまったくの部外者だったのですが、この事業がシリコンサイクルと呼ばれる危険な事業であることは知っていました。そこで、就任時には 64 k SRAM が 1000 円ぐらいだったと記憶していますが、1 年後には 500 円になることを想定して、コストダウンの準備をしました。

　例えばチップ寸法を 0.8 ×に縮小して面積を 0.64 倍にするだけで 640 円にダウンできます。ところが 1 年後の市場価格は 300 円になってしまいました。1 年で 3 分の 1 です。これではどんな対策を取っても大赤字です。

　日本のメモリーメーカーは、巨大は工場を建設し、社運をかけてメモリー事業をやっていますから、1、2 年の不景気など気にしないで長期のビジネスとして捉えていましたが、ソニーは目先だけの思惑で始めた訳で、間もなくメモリー事業部を畳んでしまいました。川名さんの記述では、64 k に続いて 256 k の SRAM が完成し、生産も行われたのですが、ビジネスとして成功した訳ではなかったのです。

　ただ、筆者にとって勉強になったのは、IBM との付き合いです。大型コンピュータに大量に使いますから、不良が発生するのは大問題です。そこで、供給元の生産ラインの監査を定期的に行います。ソニーのメモリー事業部が解散した後も、IBM への出荷は続いていました。

　長崎工場で SRAM を生産している時の話です。監査をされる時

には何を調べられても問題がないように準備するのですが、どんなに準備しても色々と欠点を指摘されます。その指摘のされ方が実にうまい。監査員に聞くと、毎年アメリカの本社で監査技術の講習があって、生産ラインのどんな点に気をつけるかなど、細かく指導されるそうなのです。監査される度に、生産ラインの欠点がなくなって有難いので、監査員に何度も来てください、と頼んだこともありました。また、生産ラインの良否によって高温動作エージングの時間が決められます。優れたラインなら２時間、問題のあるラインなら２４時間のエージングをして、不良品を除いてから出荷する必要があります。

　以上、メモリーに関する思い出です。

❶ 川名さんとのメール

川名さんの著作を読んで　2015年1月　安藤哲雄

　川名喜之さんの著作3つを読ませていただいた。

（1）『東京通信工業、日本初のトランジスタ及びトランジスタラジ
　　　オ量産成功の軌跡』
（2）『ソニー初期の躍進と経営陣の苦闘』
（3）『シリコントランジスタの開発とソニー』

　この3つの著作の内容は重なる部分もあるが、ソニーというベン
チャー企業が、半導体という技術を土台にして伸びたことを、客観
的に証明すると同時に、経営者の人格がどれだけ会社の命運を握っ
ているかを知ることができる。私がまさにこの中で働いていたこと
の懐かしさだけで読むことはできなかった。苦労話は自慢話と言わ
れることが多いが、事実を記述したものは決して自慢だけではない
ものである。

　（1）はソニーが戦後の日本で、まさに先駆的業績を上げたこと
の事実を表しているものである。私が中学生の頃にトランジスタが
できていたのである。中学の頃ラジオが作りたくて、秋葉原の電気
街を歩きまわっていたが、ラジオが作れる部品を買うことなどでき
なかった。そんな中で、確かにトランジスタというものが見本のよ
うに飾られていたのを憶えている。そして初めてトランジスタラジ

オを買って、登山に持って行ったのは大学二年のときだった。

　東通工時代からトランジスタを開発してきた人々は、私が入社してから名前だけは聞いていた。川名さん以外で、実際に薫陶を受けたのは塚本さんと岩田さんである。

　トランジスタを作るところを見たのは入社した時、厚木工場の実習で、グロン型の引上げ装置を見たのが最初であった。溶けたゲルマニュームに種結晶を回しながら引き揚げていくと、棒状の結晶ができてくる。そして米粒のようなものが溶けたゲルマニュウムの中にポロリと投げ込まれる。興味深々であったことを憶えている。岩間さんからの手紙を心待ちにしながら、手作りの装置で工夫をする技術者たちのことを想像すると、「なんと幸せな人たちであったことか」と思う。

　私は幸運なことに、ショックレイとバーディーンがソニーを訪問した時に現場にいた。入社した年にショックレイが来て、職場で岩田さんが説明するのを事務室から見ていた。長崎工場に赴任していた時に、バーディーンが山田敏之さんの案内で来て、記念写真を撮った。ただそれだけのことだが、自分の巡り合わせの良かったことだけが不思議なのである。

　この記述の中で私が初めて知ったことは、ゲルマニュウムトランジスタの性能を上げるのに、リン／錫合金を使ったのが塚本さんだったということである。先輩たちの業績で、岩田さん、川名さんのことまでは知っていたが、塚本さん、天谷さんのことは知らなかった。トランジスタが日本で生産できたことを考えると、私が初めてのアメリカ出張で見た時に感じたことに通じるものがある。知恵を

巡らせて改善し、粘り強くやることはアメリカ人にはできないのだ。

　（2）は私にとって知りえなかった、まさに経営者の人格に関わることである。技術のことだけならば、事実だけを記述すればよいのだろうが、井深、盛田、岩間の心の内まで分け入って、推測も交えて語られた川名さんご自身の人格にも感銘を受けた。

　私は自分で、今でも井深ファンだったと思っている。私が電卓用のＭＯＳＩＣを止めさせられて失業したのが井深さんの命令であったとしても、私はそれが正しかったと思っている。井深さんが「ＩＣをやるな」「プレナーをやるな」と言っていたことは薄々とは知っていたが、この文ではっきりと知った。

　この井深さんの考えを「発明家精神に根ざした保守主義」と川名さんはおっしゃっているが、私はそうは思わない。「大会社が総力を挙げてやるものには絶対手を出さない」という大原則に従ったのだと思う。

　事実この時既にＭＯＳＬＳＩは、コンピューターのために大手電機メーカーが５社も総力を挙げて始めていたのである。私はＭＯＳＩＣができなくなって、川名さんのもとで仕事探しをしていた時、矢木さんと議論したことがある。私は「ＭＯＳをやるならメモリーなんかやるのは米作りみたいなものだ。やるとすればＡＳＩＣのようなものだろう」と生意気なことを言っていた。

　これに対して岩間さんは、一言でＩＣと言っても違いがあることをわかっている技術の見識を持っている人だったと思う。アナログのバイポーラＩＣは、ソニーにとって生命線であるが、ＭＯＳＩＣ

はソニーにとって何の意味もないのである。やはり岩間さんは技術の見識において、井深さんより上であった。

箱根会議でＭＯＳＩＣが議論された時、井深さんは技術者に同情的だったのに、岩間さんはＭＯＳＩＣを継続することに断固反対したということを聞いて、あらためて岩間さんの偉大さを見た気がした。さらに言えば「プレナーをやるな」という井深さんの認識がいかに間違っていたかを救ったのも岩間さんであった。この点は、プレナー技術の第一人者であった川名さんが、岩間さんを尊敬していることがよくわかる。岩間さんは、歴代の社長の中で私の名前を知っていた唯一の方である。

創業者が独裁者になって会社を傾かせてしまった例はいくらでもある。ソニーが生き延びてきたのは、盛田さんの技術者には測りがたい世界の認識力であったことは間違いない。いわゆる取り巻きという人がいたことも知っているが、ソニーという会社を支えてきたのは盛田さんであることは間違いない。

盛田さんの唯一の欠点は後継者を育てることができなかったことであろう。息子を取り立てたが、大賀社長は二代目に経営を継がせることはさせなかった。社会と時代を見る能力は、甘やかされて育った人間には決してできないことなのである。

さらに私が考えていたことは、井深さんの「弱者に対する優しさ」である。幼児教育のことや障害者の働き場所などのことは、人間としての生き方がビジネスよりも大切だったことを教えてくれる。強者の立場になろうとすることは、井深さんの目指すところではなかった。

　岩間さんが井深さんとの対立を避けて、強行に半導体開発課を作った経緯を初めて知ることができた。何も知らずにそこへ飛び込んだ自分が充実した会社生活を送れたのもそのおかげだった。さらに川名さんをリーダーにして、ＣＣＤという仕事ができたことはあらためて幸運だったと思う。

　（3）はまさに川名さんの「自分史」として読んだ。私が入社した年に、川名さんはアメリカから帰られて間もなく厚木工場へ移られた。川名さんにとっての厚木工場は、私にとっての国分工場であったのだろう。ただ川名さんは不本意ながらビームリードのことをさせられたのだ。自分の意図に反することをさせられるのは技術者として辛いことはよくわかる。
　それに耐えてやがて矢木さん、加藤さんとともにソニー半導体の技術の中心的存在であったことは自分が見てきたことである。

　私も最近になって、昔を思い出しながらソニーでやってきたことの「自分史」を書いてみた。この著述を読んで、あらためて改訂してみようと思う。

川名さんの返事

　安藤さん、コメントありがとうございます。私に対して好意的なご意見をいただきまして感謝します。
　井深さんが、プレーナはやるな、ＩＣはやるな、ＭＯＳはやるな

言ったのは、彼の本来のソニー創立の時からの哲学である、大会社が総力を挙げてやるものはやらない、という精神だという安藤さんの意見は半分賛成します。同時に井深さんは、プレーナは特許料が高いからやらないと主張されました。フェアチャイルドの特許に抵触しない疑似プレーナはやらせました。将来性のことなど何も議論しないで。ＩＣについてもＴＩの特許だからやらない、ＴＩの特許に抵触しないＩＣをやれと言われました。これは大会社のやらない、もっと優れたものをやれ、と言いたかったのかもしれませんが、現実にはビームリードを何の批判もなくやらせました。やはり人のやるものはやらない、という精神が少しあったと思います。安藤さんの主張は私も認めますが、私の文章にはここに書いたような事実も反映しています。

　自分のことを書いたものを発表するというのは、大変気を使うものです。でもシリコンのことは自分には書く理由があったのです。井深さんが岩間さんと共に、日本で一番早くシリコンを始めました。しかし、これまでソニーがシリコンを先駆的にやったという話は歴史の上にほとんどありませんでした。井深さんはそれを残念がられていて、私が定年で会社を辞める前に私を呼んで、「自分はこの点が残念でならない、当時の話を聞かせてくれ」と言われて話に上がったことがあります。その井深さんの気持ちを載せてこの文章を書きました。井深さんの宿題に対する答えを書く気分でした。以上ご参考にしていただければ幸いです。

　　　　　　　　　　　　　　　　　　　　　　　　川名喜之

安藤の返事

　川名様、ご返事ありがとうございます。

　井深さんについての私と川名さんとの評価の違いは、やはり井深さんとの距離であると思います。私は井深さんと直接話しをしたことはありませんし、指示をされたこともありませんでした。井深さんが持っている経営の理念はこういうものだろうと解釈していただけです。

　確かに「特許料が高いからやるな」「特許に抵触しないものをやれ」「人のやるものはやるな」ということを言われたら、私も反撥しただろうと思います。もしかすると我がままな人だったのかと思います。岩間さんがいたので技術判断を誤ることがなかったのだということがよくわかりました。

　川名さんが歴史を正しく記録するために、この文を書かれたことに敬意を表します。

2015 年 10 月

川名さんの著作を読んで（その 2）　2015 年 10 月　安藤哲雄

　川名喜之さんの著作 3 つに続き 2 つを読ませていただいた。

（4）『ソニーのトランジスタテレビ用トランジスタの開発』
（5）『初期のソニー CCD 開発史』

　（4）は（3）に続く川名さんが始められたシリコントランジスタ開発の仕事を具体的に語られている「自分史」の続きである。

　１９５７年といえば、私が入社した６年前のことである。ここに登場する方々は三沢さん、江崎さん以外は、入社後に半導体事業の指導者として活躍している姿を知っているので、新入社員時代のことを懐かしく思い出す。

　トランジスタテレビという目標に向かってチームで取り組んだ経緯は、まさに日本人だけがなしえたことであろう。さらにソニーという環境がなければありえなかったことでもある。今にして思えば日立や東芝ではできないことであった。後年ある学会で知り合った大手電機メーカーの技術者は家電というものを馬鹿にした話をしていた。その裏には大会社の体質のようなものを感じていた。川名さんご自身もＴＩのマネージャーから褒められたと言っているのは当然のことである。

　何よりも驚いたことは、フォトレジストを使う写真蝕刻技術がない時になんとか工夫して加工をしてきたことである。私が入社したのはこのテレビ用トランジスタの生産をする技術がやっと軌道に乗った時だった。岩田課長のもとに配属されて川名さん、竹花さん、若宮さん、矢木さん等が上司として居たが、誰もここに書かれたトランジスタ開発の経緯を教えてくれる方はいなかった。新人に丁寧に教えるような雰囲気はまったくなかったのである。

　シリコンパワートランジスタ、高周波ゲルマニュウムトランジスタの開発がまだ続けられていたが、主な開発目標はプレナートランジスタであった。印刷したワックスをマスクにしたメサエッチ、金属箔の蒸着マスクなどを経験したことがあるのは私が最後である。

　この頃、ＫＰＲを使う写真露光、弗酸や硝酸を使う化学エッチン

グ、タングステンヒーターのスライダックを調整しながらの蒸着、拡散炉にシリコンウェファーを乗せたボートの出し入れのコツなどの作業は、すべて自分で習得しなければならなかった。弗酸を手に付けてしまった時の痛さを経験しなければ、一人前の半導体技術者とは言えないのであった。そしてこの時からＩＣ（集積回路）への発展の時代が始まったのである。

　（5）は私のライフワークとなったＣＣＤ開発のマネジメントをやってくださった川名さんの記録である。私は「自分史」に書いたが、ＣＣＤを始めることができたのは、まったく川名さんのお蔭だったと思っている。語ればきりがないのだが、私が岩間さんと直接話しをした時のことだけを記しておく。

　川名製品開発課長のもとで、私がアングラでＣＣＤを作っていた時のことである。アメリカから帰った岩間さんは、社内の若手技術者を集めて係長懇談会を始めていた。私が選ばれて参加した時に、私は「ＣＣＤは厚木でやらなければできません」と生意気にも話した。もちろん中研で始めていた時である。岩間さんはこの時から私の名前を憶えていて、どこかで「安藤はこう言ってる」と話したことを間接的に聞いたことがある。

　結局は我々が中研に行ってやることになったが、あの時の判断は開発を一年以上遅らせてしまったと今でも思っている。結果的にはソニーが他社をリードできたが、もしあの時、厚木で集中的に開発を進めていたら、まったく他社の追従は許さなかっただろう。

　ラジオ、テレビ用トランジスタを先駆けて開発できたのは、ソニー

という環境があったためだと思うが、ＣＣＤも同じである。経営者の先見性と技術者のモチベーションが、成功の基であったことは間違いない。

⓬ むすび

　川名喜之さんは２０２１年６月に亡くなられた。お世話になった方々が集まり、偲ぶ会をやった。その時ある話から、生前川名さんが本を書きたいと考えていたことがわかった。私は２０１６年頃までは、加藤俊夫さん等と酒を飲む懇親会をやっていた。それまでにお書きになった論文、著作はすべて戴いている。

　川名さんは１９９２年に退職され、米国の金属材料会社に勤務し、２０００年頃から加藤俊夫さん等とコンサルタント会社をやっていた。２０１２年頃から半導体産業人協会誌に投稿されていた。２０１６年には私本ではあるが、ここにあげた１〜６の論文を載せた「ソニー初期の半導体開発記録」という本を出版された。そしてお亡くなりになる１年ほど前に本を書きたいと考えられていたことを後輩から聞いた。ただすでにご高齢になっていたこともあり、自ら執筆することが難しかったであろうと想像した。

　一方、私は１９９３年にCCDを引退した。その後、越智さんと再会したのはディスプレイの学会であった。お互いになんの不自然さも感じないで酒を飲んだ。米国のSID（Society of Information Display）の学会でもあった。お互いに過去のことはまったく話題にしなかった。ソニーのデバイス事業が低迷していることが気になっていたのである。CCD事業も、バブル崩壊による経済の停滞で低迷していたが、松本博行氏がこれを乗り切っていた。

　私は２０００年に退職したが、デジタルカメラや新しいテレビ

ジョンシステムに対応するためには、半導体の微細加工技術が二世代は進歩しなければできないことがわかっていた。そして２０１０年頃からイメージセンサー事業を中心にソニーの半導体は隆盛した。これを主導してきたのが、鈴木智行氏と上田康弘氏である。

　これを見て川名さんはその源となった創業者のことを書き残したかったのだろう。歴史を語ることは「現代を語る」ことであると歴史家は言う。過去を正しく見ることが未来を示すことなのである。戦後の社会を語る本の中にはソニー、本田などの名前がよく出てくる。ソニーのことを書いた本も多いが、ソニーの中にいた人が書いた本はない。

　これまで日本の企業は、大企業まで含めて没落、消滅していった企業は数知れない。技術革新の早い電気業界ではそれが激しかったのである。製造業では、方向を示す経営者と何が重要かを示す技術者が大切なのである。そしてそれは現在も続いている。ソニーの過去を語ることは、現在の企業社会を語ることにもなると思うのである。川名さんが書きたかったことはそんなことではなかったかと思う。

　ソニーは創業者７人で始めた会社であるから、大学を出た新入社員が育つまで待つことはできない。他社、研究所などから人を集めた。私が見てきたことを話す。能力の高い人は脱会論文での実績をもってアメリカへ行った。能力のない人は経営者にへつらうばかりで自分で方向を探すことはしていなかった。

　私には天下りで来たとしか思えなかった。特に半導体の技術者に
経験者と言われる人はいない。川名さんの著作にあるように、ゼロ
からの出発だったのである。だから川名さんのような、いわゆる生
え抜きの人が支えてきたのである。

　川名さんは私から見ると古武士のような方だった。上司に決して
背かない。上司に断りなく勝手にやることはたとえそれが正しい方
向であったとしても認めないこともあった。創業者、井深、盛田、
岩間と直接話す機会も多く、特に半導体を担当していた岩間の信頼
が厚かった。私ならばきっと反対していたと思うことも我慢してい
た。

　読んでわかるとおり、経営者の考えに分け入って生々しいことも
書いている。明らかにわかる妨害した上司のことも名前をあげて書
いておられる。まさに回顧録として書ける年齢になって、書いたこ
とがわかる。

　また、論文１～６を収めた著作の後に書かれた論文７（ソニー
MOSLSI の開発史）を含めたものを出版したかったのだろう、と想
像する。なぜならば、これだけがソニー半導体の負の歴史だったか
らである。誠実な川名さんとしては、このことを除外して歴史を語
ることはできなかったに違いない。

　私は川名さんのもとで言いたいことを言っていた。私は川名さん
を尊敬していたが、私との差は何だったのかと今になって考える。
私はやはり世代の差であったと考えている。私は終戦の次の年、小
学校に入学した。川名さんとは８歳も違うので勝手な想像ではあ
るが戦前の教育を受けられた方である。自己主張は抑えていたであ

ろう。川名さんには井深さんを支える盛田さんのような人がいな
かった。半導体事業部長になったのは、その後も他の事業部から来
た人ばかりであった。技術革新の激しい半導体では技術を支える人
が事業を支えることは難しい。社会を見、技術の方向が判断できる
人材が育つには、それだけの経験と才能がなくてはできない。

技術経営論

　ソニーは他人のやらないことをやる、と言われてきたが私はそう
は思わない。人は何が欲しいのかを考える技術者がいただけであっ
たと思う。その源は井深さんであった。

　私が井深さんと直接話したことは一回だけある。入社してIC を
作り始めていた時、できた IC の測定をやっていると後ろに誰かい
るので振り返ると井深さんだった。「何やってるんだ」と聞くので
適当に答えたが、川名論文によると井深さんはＩＣをやるなと言っ
ていたらしい。岩間さんは井深さんには黙って岩田課長にＩＣの開
発を命じていたのだ。あの時私が「ＩＣを作っています」と答えた
らバレてしまったのかもしれない。井深さんはヒマがあれば現場に
顔を出す人だった。

　イメージセンサーはIC ではない。少なくとも私はそう考えてい
た。だから私はＣＣＤのことを井深さんもわかっていたと思ってい
る。

　企業が成長するためには、これができれば何ができるかを考える
技術者がいること、「世間」（他社の動向）を気にしない経営者がい
ることが必要なのである。

　日本の半導体技術は１０年でアメリカを追い越してしまった。そしてICができれば何ができるかの技術では立ち遅れてしまった。人の頭脳は計算しかできないのではない。ICができてどんなものができるかを考えた技術者は日本には少なかった。

　日本にビル・ゲイツ、スティーブ・ジョブス、ロバート・ノイスのような人物が現れなかったのは、日本人の勤勉さの裏返しだったのかもしれない。

　人は自分自身のことを語る時、客観的になることは難しい。自分がどう評価されるかをどうしても考えてしまう。

　これを読んで、最先端技術のビジネス社会でもこんなおとぎ話があったことを知ってもらうだけでいいのだ。

　一人の人間が過去の経験、事実を語る時、人は自分の生き方と比べて意味を考えるだけである。

　この本を出版するにあたり、ご遺族である川名隆宏様のご了解をいただいた。ここに感謝の意を表したい。

2022 年 12 月　安藤哲雄

安藤哲雄　略歴

1940 年生まれ。東京工業大学物理学科卒。
1963 年　ソニー半導体部入社。半導体の開発、製造に従事。
2000 年　退社。

E‐mail　<tet_ando@gc4.so-net.ne.jp>

ソニー創業者を支えた人—— 川名喜之氏　遺稿集 ——

発　行	2023 年 3 月 10 日　第 1 版発行
編著者	安藤哲雄
発行者	田中康俊
発行所	株式会社　湘南社　https://shonansya.com
	神奈川県藤沢市片瀬海岸 3‐24‐10‐108
	TEL　0466‐26‐0068
発売所	株式会社　星雲社（共同出版社・流通責任出版社）
	東京都文京区水道 1‐3‐30
	TEL　03‐3868‐3275
印刷所	モリモト印刷株式会社